WISSEN 20 Jahre
SCHAFFT Wissenschaftsstadt
Ulm 2006
ZUKUNFT

Impressum

Katalog

Herausgeber
Stadt Ulm, Zentralstelle

Verantwortlich
Walter Laitenberger
Alois Schnizler

Textkonzept, Redaktion
Thomas Vogel
Kommunikation Publikation
Senden

Verlag und Vertrieb
Ebner Verlag GmbH & Co. KG
Karlstraße 41, 89073 Ulm
Verantwortlich: Rudolf Guther

Gestaltung
Braun Engels Gestaltung, Ulm

Druck
Druckerei Schirmer, Ulm

Ulm 2006
ISBN 3-87188-112-0

Ausstellung

„20 Jahre Wissenschaftsstadt Ulm"
20. Juli bis 3. Oktober 2006,
auf dem Südlichen Münsterplatz

Projektleitung
Walter Laitenberger
Alois Schnizler

Textkonzept, Redaktion
Thomas Vogel
Kommunikation Publikation
Senden

Ausstellungsarchitektur
Stemshorn Architekten GmbH, Ulm

Ausstellungsgrafik
Braun Engels Gestaltung, Ulm

INHALT

4 Geleitwort

6 Anfänge

38 Stadt Ulm aktiv

56 **Die Wissenschaftsstadt aktuell**
58 Umwelt, Energie
72 Mobilität
94 Gesundheit
114 Grenzenlos
136 Kommunikation

152 **Wissensgesellschaft**

162 **Visionen**

173 **Firmenporträts**

GELEITWORT

Das Wachstum der Zukunft wird ein Wachstum des Wissens sein. Wer den Wandel zur Informations- und Wissensgesellschaft aktiv begleitet und fördert, wer einen breiten Konsens in der Bevölkerung über den Wert innovativer Technologien erreicht, wird sicherlich zu den Gewinnern der Strukturveränderungen zählen. Mit der Wissenschaftsstadt Ulm und all ihren Einrichtungen stehen die Chancen in unserer Region dafür sehr gut.

So zeigt sich die Entscheidung vor 20 Jahren durch den Aufbau der Wissenschaftsstadt, das wissenschaftlich-technische Potenzial in der Universitätsstadt Ulm erheblich zu verbessern aus heutiger Sicht als eine Entscheidung mit Weitblick und zukunftsweisende Investition für die Stadt und die Region. Seither hat die Wissenschaftsstadt mit all ihren Einrichtungen und ihrem Umfeld eine sehr positive Entwicklung erfahren. Seit Beginn des Auf- und Ausbaus der Wissenschaftsstadt haben die Studienplätze an den Ulmer Hochschulen, die Arbeitsplätze an der Universität, Hochschule, DaimlerChrysler Forschungszentrum, An-Institute und im Science Park kräftig zugenommen. So wurden allein im neu erschlossenen Science Park II über 100 Mio. Euro investiert und es entstanden etwa 2.000 neue Arbeitsplätze. Insgesamt bietet heute die Wissenschaftsstadt über 8.600 Menschen Arbeit. Dies hat erheblich dazu beigetragen, den notwendigen Wandel in der Beschäftigungsstruktur vom in den 80er Jahren dominierenden verarbeitenden Gewerbe hin zu Arbeitsplätzen im Dienstleistungs-, Forschungs- und Wissenschaftsbereich erfolgreich zu bewältigen, nachdem Ulm gerade damals einen weit überdurchschnittlichen Abbau von Industriearbeitsplätzen hinnehmen musste.

Das Land Baden-Württemberg hat diese Entwicklung mit einem erheblichen Einsatz finanzieller Mittel unterstützt. Im Zeitraum von 1985 bis 2004 wurden Hochschuleinrichtungen und wissenschaftliche Einrichtungen der Wissenschaftsstadt mit knapp 500 Mio. Euro allein zur Finanzierung großer Baumaßnahmen gefördert. Hinzu kommen 72 Mio. Euro Erstausstattungsmittel. Eine großartige und großzügige Unterstützung, ohne die die dynamische Entwicklung der Wissenschaftsstadt nicht realisierbar gewesen wäre und für die wir dem Land sehr dankbar sind. Für die Stadt übertrug sich die Dynamik der Wissenschaftsstadt sehr rasch auf verschiedene private und öffentliche Initiativen. Zielstrebig begann die Stadt den Imagegewinn umzusetzen, den Wirtschaftsstandort konsequent zu stärken und die Attraktivität der Stadt zu steigern. So entstanden z.B. neue Wohngebiete, neue Messe-, Kongress- und Tagungsmöglichkeiten, das Stadthaus, die Stadtbibliothek und die Neugestaltung der Neuen Straße. Planungen für den Science Park III stehen dafür, dass diese aktive Begleitung durch die Stadt auch in Zukunft fortgesetzt wird.

Den Anlass „20 Jahre Wissenschaftsstadt Ulm" möchten wir nutzen, um ihre Entstehung, Entwicklung und Möglichkeiten stärker in das Bewusstsein der Bevölkerung zu rücken. Mit der Ausstellung wollen wir gewissermaßen die Wissenschaftsstadt mit ihren Einrichtungen, Themen, Ergebnissen und Geschichten vom Oberen Eselsberg herunter, mitten in die Stadt holen und sie einer breiten und interessierten Öffentlichkeit in einer allgemein verständlichen Sprache vorstellen.

Ich möchte allen danken, die zum Gelingen dieser Ausstellung beigetragen haben, sei es durch Recherche, durch inhaltliche Beiträge, durch gestalterische Umsetzung oder finanzielle Unterstützung.

Die Geschichte der Wissenschaftsstadt ist mit dem Jubiläum keineswegs zu Ende. Auch dies ist Gegenstand der Ausstellung und damit der Dokumentation. Wissenschaftsstadt ist ein offener Prozess, der immer wieder neue Impulse braucht und immer wieder neu gestaltet werden muss. Dies ist eine ständige Aufgabe, der wir uns auch auf dem Kongress im September widmen werden. Für die Stadt ist die Bedeutung der Wissenschaftsstadt gar nicht hoch genug einzuschätzen: Bildung und Wissenschaft werden darüber entscheiden, wie wir morgen leben werden. Hier liegt der entscheidende Schlüssel für eine sozial gerechte und wirtschaftlich erfolgreiche Zukunftsgesellschaft.

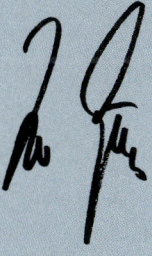

Ivo Gönner
Oberbürgermeister

ANFÄNGE

MIT DER „WISSENSCHAFTSSTADT ULM" WURDE VOR 20 JAHREN EIN BIS DAHIN IN DEUTSCHLAND EINMALIGES KONZEPT DER ZUSAMMENARBEIT ZWISCHEN WISSENSCHAFT UND WIRTSCHAFT BEGONNEN. WAS DAMALS NOCH EINEN STARK EXPERIMENTELLEN CHARAKTER TRUG, HAT SICH LÄNGST ZUR ERFOLGSGESCHICHTE VERSTETIGT. DAS HERZ DER INNOVATIONSREGION ULM SCHLÄGT AUF DEM OBEREN ESELSBERG.

20 JAHRE WISSENSCHAFTSSTADT
ULM 2006

EIN MOTOR

Kein Faktor prägt die Geburtsstadt Albert Einsteins heute mehr als die Wissenschaftsstadt. Als eine „irre Mischung" hat Prof. Karl Joachim Ebeling, Rektor der Universität Ulm, jenes weit gespannte Netzwerk aus Universität, Fachhochschule, Kliniken und Forschungseinrichtungen tituliert.

Die Wissenschaftsstadt ist mit dem Münster zum weiteren Markenzeichen Ulms geworden. Sie steht für Spitzenleistungen in Forschung und Entwicklung und zugleich für neue Stellen. Auf dem 300 Hektar großen Areal befinden sich mehr als 8.600 Arbeitsplätze – mit weiterhin steigender Tendenz. Denn rund um die jüngste der baden-württembergischen Universitäten wird nach wie vor kräftig gebaut.

Ulm ist nicht nur ein gutes Pflaster für innovative Existenzgründer. Auch etablierte Firmen finden hier hervorragende Standortbedingungen und qualifizierte Mitarbeiter.

Die Dynamik, die hohe Kreativität und Kompetenz und die Erfolge sprechen sich herum. Die Wirtschaftszeitung Handelsblatt kürte Ulm zum „Stillen Star". Damit wurden der Wirtschaftsregion an Donau und Iller überdurchschnittlich gute Zukunftsaussichten bescheinigt.

FÜR ULM

→ **FORSCHUNGS- UND ENTWICKLUNGSSCHWERPUNKT**
Ulm – Region mit der intensivsten privatwirtschaftlichen Forschung und Entwicklung in Baden-Württemberg

→ **JOBMASCHINE**
2800 neue Hightech-Arbeitsplätze allein seit 1996

→ **DENKFABRIKEN**
Weltfirmen betreiben in der Wissenschaftsstadt Entwicklungszentren.

→ **SPITZENSTANDORT**
Der Wirtschaftsraum Ulm/Neu-Ulm steht in der Spitzengruppe der Wirtschaftsstandorte in Deutschland

→ **SCHLÜSSELTECHNOLOGIEN**
Die Region belegt Spitzenplätze mit ihren Schlüsseltechnologien: Bio-, Umwelt- und Informationstechnologie/Telematik sowie Medizin- und Verkehrstechnologie

→ **REGE GRÜNDERTÄTIGKEIT**
Die Gründungsintensität liegt um 30 Prozent über dem Landes- und Bundesdurchschnitt

→ **FENSTER ZUR ZUKUNFT**
Die Ulmer Wissenschaftsstadt ist Teil des gelungenen Strukturwandels in und um Ulm und damit ein wichtiger Trumpf für die Wettbewerbsfähigkeit der Region

WAS IST DAS EIGENTLICH – INNOVATION?

LASS DIR ETWAS EINFALLEN

„Innovation kann man einfach übersetzen: ‚Lass dir etwas einfallen'. Oder solider übersetzt: Wir müssen neugierig nach wissenschaftlichem, technischem und gesellschaftlichem Fortschritt suchen, dürfen uns nicht auf Erfolgen ausruhen, sondern müssen die neuen Herausforderungen annehmen."
Prof. Dr. h.c. Lothar Späth

KREATIVER IMPULS

„Eine Innovation setzt immer einen kreativen Impuls oder Akt voraus. Der dadurch ausgelöste Prozess unterscheidet sich von allem, was vorher war. Eine Innovation ist das Ergebnis erst dann, wenn es sich realisieren lässt und als nützlich, wertvoll oder sinnvoll für Mensch und Schöpfung erweist."
Prof. Achim Bubenzer, Rektor der Hochschule Ulm

ERFINDUNGEN UMGESETZT

„Man spricht erst dann von Innovationen, wenn Erfindungen in Produkte und dann auch in Märkte umgesetzt sind, also der schwierige Transferprozess in die marktfähige Anwendung bereits erfolgt ist."
Prof. Karl Joachim Ebeling, Rektor Universität Ulm.

VISIONEN

„Innovation ist die stufenweise Verwirklichung von Visionen."
Prof. Rudolf Steiner, Institut für Lasertechnologien in der Medizin und Messtechnik

ZÜNDENDE IDEEN

„Innovation ist die Synthese von zündenden Ideen."
Dr. Rolf Strehle, Beam AG

LÖSUNGSANSATZ

„Innovation bedeutet, ein neuartiges oder besseres Produkt oder einen neuartigen Lösungsansatz in die Anwendung zu bringen. Letzteres ist meist der schwerste Part."
Dr. Siegfried Döttinger, DaimlerChrysler-Forschungszentrum Ulm

REVOLUTIONÄRE ERFINDUNGEN

„Unter technischen Innovationen verstehen wir in wirtschaftliche Produkte umgesetzte Erfindungen, welche eher eine Revolution als nur eine Evolution in einem bestehenden Anwendungsfeld darstellen oder gar neue Anwendungsfelder eröffnen."
Dr. Matthias Strobel, InMach Intelligente Maschinen GmbH

OPTIMISTISCH DENKEN

„Innovation ist das Ergebnis aus konstantem Bestreben nach Verbesserung, basierend auf einem hohen Maß an Kreativität und optimistischem Denken."
Richard Frank, Takata-Petri Ulm

NEUE IDEEN

„Innovation ist für uns, neue Ideen, die unsere Kunden voranbringen, nicht nur zu entwickeln, sondern auch aktiv umzusetzen."
Dr. Andreas Seyboth, Institut für Finanz- und Aktuarwissenschaften

VORWÄRTSENTWICKLUNG

„Innovation betrifft die Realisierung neuer technischer oder organisatorischer Lösungen im Prozess der Vorwärtsentwicklung der Menschheit. Generell geht es darum, aus weniger Input mehr Output zu generieren, also durch besseres Wissen und Können die Lebenssituation der Menschen substantiell zu verbessern."
Prof. Franz-Josef Radermacher, FAWn

NEUE EIGENSCHAFTEN

„Laut Duden: Entwicklung neuer Ideen, Techniken, Produkte. Ich würde es als Entwicklung von Produkten mit grundlegend neuen Eigenschaften bezeichnen."
Prof. Werner Tillmetz, Zentrum für Sonnenenergie- und Wasserstoff-Forschung Ulm

„ÖFTER MAL WAS NEUES."

Ernst Ludwig, Alt-Oberbürgermeister

ARBEITSPLÄTZE SCHAFFEN

„Innovationen – das sind nicht die Erfindungen allein. Es gehört dazu, den Weg in Produkte konsequent und allen Widrigkeiten zum Trotz erfolgreich zu beschreiten, sich dabei auf ein profitables Geschäftsmodell zu stützen und Arbeitsplätze zu schaffen."
Dr. Peter Gluche, Gesellschaft für Diamantprodukte

DIE IDEE DER WISSEN-SCHAFTSSTADT
SCHNELLER IN PRODUKTION

Wissenschaft und Wirtschaft stärker zu vernetzen, damit Forschungsergebnisse rascher in marktfähige Produkte, Leistungen und Verfahren umgesetzt werden – auf diese Formel brachte Lothar Späth als Ministerpräsident Baden-Württembergs die Grundidee für die Ulmer Wissenschaftsstadt.

Ausgangspunkt der Überlegungen waren drei Forderungen:
- Intensivierung der Forschungstätigkeit
- Schnellerer Technologietransfer
- Mehr Studienplätze, bessere Fortbildungsmöglichkeiten für Wissenschaftler und Ingenieure.

Zwar sind Universitäten überwiegend auf die Grundlagenforschung ausgerichtet. Doch gehen davon sehr wohl Impulse aus, die für die Industrie interessant sein können. Gesucht – und schließlich gefunden – wurde ein Ansatz, wie sich Unternehmen besser in das Netzwerk der wissenschaftlichen Szene einklinken können. Von Beginn an stand der Gedanke einer engen Kooperation im Mittelpunkt. Entscheidend sei nicht, wo Forschung betrieben werde, ob an den Hochschulen oder den Instituten von Unternehmen: „Entscheidender ist, dass Staat und Wirtschaft in einem Forschungs- und Transferverbund partnerschaftlich zusammen arbeiten und dabei auch die langfristig angelegten Erfordernisse einer gedeihlichen Landesentwicklung beachten", schrieb Lothar Späth im Jahre 1990. Als Schnittstelle von Hochschule und Wirtschaft wurden „An-Institute" etabliert. Das sind neuartige, praxisnahe Institute „an" der Universität. Darin werden Ergebnisse aus der Forschung ins Stadium der Entwicklung vorangetrieben. Dass die damalige Daimler-Benz AG in Ulm ein eigenes Forschungszentrum aufbaute, erleichterte die politische Durchsetzung der beträchtlichen Landesinvestitionen, die nach Ulm flossen. Doch nicht nur große Unternehmen, auch Mittelständler und Gründer sollten besser von den Forschungsaktivitäten der Ulmer Hochschulen profitieren und durch den Transfer von Know-how ihre Innovationskraft stärken. Speziell für sie entstanden in Wurfweite von Universität und Fachhochschule die Science Parks I und II.

Durch die räumliche Nähe können die Akteure leicht Kontakte aufbauen und pflegen. Was mit persönlichen Gesprächen beginnt, mündet nicht selten in konkrete Kooperationen. Geknüpft werden solche Netzwerke nicht nach vorgefertigtem Plan, sondern selbstorganisiert, von innen heraus.

Für dieses „Ulmer Modell" gab es allein im Ausland Vorbilder. Es waren Erfahrungen aus Japan, den USA sowie England, die in die Konzeption der Ulmer Wissenschaftsstadt mit eingeflossen sind.

„Welche Kooperationsformen letztlich konkret zustande kommen, kann und darf aber nicht schon jetzt definitiv festgeschrieben werden. Hier müssen wir viel Spielraum für eine sich selbst steuernde dynamische Entwicklung geben. Das Grundmuster der ‚Wissenschaftsstadt Ulm' muss eine ständige Kommunikation und die Nutzung aller Querverbindungen, die sich im Laufe der Zeit herausbilden, sein."

Lothar Späth, damals Ministerpräsident

DAS MODELL
DIE BAUSTEINE DER WISSENSCHAFTSSTADT

Der Ausbau von Universität und Fachhochschule war zentraler Punkt, als das Programm für die Ulmer Wissenschaftsstadt geschrieben wurde. Die Hochschulen bilden eine wichtige Basis für die weiteren Bausteine.

UNIVERSITÄT ULM
Betreibt überwiegend Grundlagenforschung, bildet das Kernstück der Wissenschaftsstadt. 1967 als neunte baden-württembergische Landesuniversität gegründet, betrat sie konzeptionell neue Wege. Hauptpunkt war die interdisziplinäre Vernetzung der Forschung. Mit dem Konzept der „Universität unter einem Dach" fand dies einen baulichen Ausdruck.

Bisher: Medizin und Zahnmedizin, Physik, Chemie, Biologie und Mathematik.

Neu: die Fakultäten für Ingenieurwissenschaften und Informatik, Erweiterung des Fächer-Spektrums um die Bereiche Elektro-, Energie- und Biomedizin-Technik. Zahl der Studierenden stieg von 5.000 auf aktuell rund 7.300.

FACHHOCHSCHULE ULM
Ausbau der bestehenden Fachgebiete Energie-, Anlagen- und Kommunikationstechnik sowie Elektronikfertigung.

Neu: der Studiengang Medizintechnik. Insgesamt 270 neue Studienplätze.

DIE AN-INSTITUTE
Außeruniversitäre Forschungseinrichtungen, allesamt Neugründungen. Betreiben praxisnahe Forschung in Kooperation von Wirtschaft und Hochschule. Träger sind gemeinsame Stiftungen von Institutionen der öffentlichen Hand und von privater Wirtschaft.
- Zentrum für Sonnenenergie- und Wasserstoff-Forschung
- Institut für Lasertechnologie in der Medizin und Messtechnik
- Institut für Diabetestechnologie
- Institut für dynamische Materialprüfung
- Institut für Finanz- und Aktuarwissenschaften
- Institut für Medienforschung und Medienentwicklung
- Forschungsinstitut für anwendungsorientierte Wissensverarbeitung FAW (bis Ende 2004)

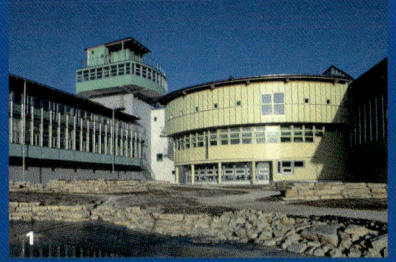

1 | Uni-West
2 | Fachhochschule Ulm
3 | Science Park
4 | Siemens Erweiterung

„Mit der Einrichtung von An-Instituten wurden den Erfordernissen der eher themenbezogenen, mittelständisch orientierten Auftragsforschung eine adäquate Struktur gegeben."
Uni-Rektor Prof. Karl Joachim Ebeling

INDUSTRIEFORSCHUNG
Allesamt Neuansiedlungen. Größtes dieser Zentren mit etwa 900 Mitarbeitern ist das Daimler Chrysler-Forschungszentrum. Darin ist das AEG-Forschungszentrum aufgegangen. Hier arbeiten Wissenschaftler am „intelligenten Auto" von morgen. Die Schwerpunkte liegen in der Mikroelektronik, in Funktions- und Strukturwerkstoffen, Produktionsforschung und Umwelt, Informationstechnik sowie Energieforschung.

Nokia sowie Siemens etablierten eigene Entwicklungszentren für Handys auf dem Oberen Eselsberg. Mittlerweile konzentriert sich Siemens in Ulm auf andere Felder der Mobilfunk-Technologie.

SCIENCE PARK I UND II
Neu eingerichtet. Gewerbegebiete inmitten der Ulmer Wissenschaftslandschaft. Sie stehen Forschungs- und Entwicklungsunternehmen sowie kleineren, innovationsfreudigen Unternehmen offen. Die beiden „Parks" sind mit etwa 50 Firmen voll belegt. Diese beschäftigen zusammen etwa 2000 Mitarbeiter. Auf bayerischer Seite entstand das Edison-Center in Neu-Ulm.

DIE KLINIKLANDSCHAFT
Wird ständig ausgebaut. Neben den Hochschulen zählt das Universitätsklinikum zum Fundament der Wissenschaftsstadt. Die heute circa 5.500 Mitarbeiter und 1.100 Betten verteilen sich auf die Häuser auf dem Oberen Eselsberg, dem Michelsberg und dem Safranberg. Hier erhalten die Patienten „universitäre Maximalversorgung" auf hohem Niveau.

Hinzu kommen das Bundeswehrkrankenhaus, die Rehabilitationsklinik und die DRK-Blutspendezentrale, die enge Kooperationen mit der Universität pflegen und die Angebote der medizinischen Vollversorgung komplettieren.

FACHHOCHSCHULE NEU-ULM
Eine Neugründung. Ihr Schwerpunkt Betriebswirtschaftslehre ergänzt die Ulmer Studienangebote.

ENGAGEMENT DES LANDES
LANGE PARADE VON GROSSPROJEKTEN

Am 14. Juli 1969 wurde der Grundstein der Universität Ulm gelegt. Seither ist der Strom an Landesinvestitionen auf dem Oberen Eselsberg nicht mehr abgerissen. Seit 1985 flossen fast 600 Millionen Euro in die Ulmer Klinik- und Wissenschaftslandschaft.

Allein die großen Baumaßnahmen verschlangen knapp 500 Millionen Euro, dazu kamen weitere beträchtliche Zuwendungen für die Erstausstattung. Einige der Großinvestitionen der zurückliegenden Jahre:
– Neue Strahlentherapie: 22 Millionen Euro
– Informatikgebäude: 20 Millionen Euro
– Bibliothek: 10,5 Millionen Euro
– Erweiterungsbau für die Fachhochschule Oberer Eselsberg: 22 Millionen Euro
– Forschungsgebäude für Biochemische Grundlagenforschung: 30 Millionen Euro

Ein weiteres wichtiges Einzelprojekt war die so genannte „Universität West" für die neu installierten Ingenieurwissenschaften. Die Kosten dafür betrugen über 110 Millionen Euro. Allein der Reinraum schlug mit 20 Millionen Euro zu Buche.

Dieser Institutsbau wie einige weitere dieser Bauprojekte, die alle durch die Staatliche Hochbauverwaltung entstanden sind, schrieben Architekturgeschichte. Der Obere Eselsberg ist daher längst zum Exkursionsziel von Architekturinteressierten geworden.

Das nächste Großprojekt steht bereits vor der Tür. 2007 soll mit dem Bau der Neuen Chirurgie auf dem Oberen Eselsberg begonnen werden. Die Kosten sind auf insgesamt 200 Millionen Euro veranschlagt.

1 | Fachhochschule Ulm
2 | Kunst trifft Architektur
3 | Kommunikative Zonen
4 | Die neue Universitätsbibliothek
5 | Universität West
6 | Kunstpfad

→

UNIVERSITÄT UNTER EINEM DACH
Die Reformkonzeption einer auf interdisziplinäres Arbeiten angelegten „Universität unter einem Dach" wurde ins Bauliche übersetzt: Den ersten Gebäuden der Universität liegt ein netzartiges System zu Grunde. Es erlaubt flexible Aufteilungen der Fachbereiche und ist potenziell nach allen Seiten hin erweiterbar. Die äußere Gestalt der Baukörper wirkt nach heutigen Maßstäben sehr massiv. Sie ist bestimmt durch die umlaufenden Fluchtbalkone, die differenzierte Höhenstaffelung und die so genannten „Dachzentralen" über den Knotenpunkten. 1969 galt die Planung als so wegweisend, dass sie mit dem renommierten Hugo-Häring-Preis ausgezeichnet wurde.

→

DIE UNI MIT DEM LANGEN GANG
Schon die „Erschließungsschiene" ist bemerkenswert, einen halben Kilometer lang. Der Hörsaal ähnelt einem Gasbehälter, die kräftigen Farben und die verspielt wirkenden „Kommandotürme" tragen ebenso zum markanten Erscheinungsbild der „Universität West" bei. Architektonisch wirkt sie wie ein Gegenpol zur Strenge der Ur-Uni, aber auch zu Richard Meiers kühlem Perfektionismus beim benachbarten DaimlerChrysler-Forschungszentrum. Ökologische Überlegungen spielten für den Architekten Otto Steidle bei der Planung eine nicht minder wichtige Rolle.

→

KUNSTPFAD AUS GROSSSKULPTUREN
Dutzende Plastiken renommierter nationaler und internationaler Künstler säumen die Wege rund um die Universität. Dieser so genannte „Kunstpfad" ist längst Ziel von Kunstfreunden aus nah und fern.

ERSTE VORBEREITUNGEN
MIT EINER DENKSCHRIFT FING ES AN

Die ersten Schritte zum Aufbau einer Wissenschaftsstadt unternahm Prof. Theodor M. Fliedner kurz nach seinem Amtsantritt am 1. Oktober 1983 als Rektor der Universität Ulm. Bereits im Juli 1984 stellte er dem damaligen Ministerpräsidenten Lothar Späth Überlegungen zum Aufbau einer forschungsorientierten Wissenschaftsstadt vor.

Der agile Rektor nutzte viele Gelegenheiten, um für den Aufbau einer „Science City" die Werbetrommel zu rühren.

ERSTER ENTSCHEIDENDER IMPULS
Die AEG in Ulm, frisch in den Daimler-Benz-Konzern integriert und damals zweitgrößter Ulmer Arbeitgeber, suchte nach größeren Räumlichkeiten für ihre Forschungsbereiche. Land und Stadt gelang es, den damaligen AEG-Chef Heinz Dürr für einen Standort in Universitätsnähe zu interessieren. Lockmittel war das Angebot für ein Kooperationsmodell mit der Universität, wie es das 1985 eröffnete Laserinstitut bereits erfolgreich praktizierte.

DER FUNKE ZÜNDET
Wenige Monate später sprang der Mutterkonzern der AEG, die Daimler-Benz AG, selbst auf den anfahrenden Zug. Die Vorstände – erst Werner Breitschwerdt, dann dessen Nachfolger Edzard Reuter – machten den Weg frei für den Aufbau eines neuen Zentrums für die Konzernforschung auf dem Oberen Eselsberg. Mit diesem privatwirtschaftlichen Engagement gewann das Projekt Wissenschaftsstadt an Dynamik.

DAS LAND ZIEHT MIT
Der Einstieg der Wirtschaft brachte den nötigen politischen Rückenwind für die immensen Landesinvestitionen in die Ulmer Wissenschaftsstadt. Ging es Uni-Rektor Prof. Theodor Fliedner primär um die Zukunftssicherung der im Landesvergleich kleinen und jungen Hochschule, so überzeugte Ministerpräsident Lothar Späth den Landtag vor allem mit volkswirtschaftlichen Aspekten. Späth argumentierte mit Hightech-Arbeitsplätzen, mit Technologietransfer und der Stärkung des Wirtschaftsraums.

Im Rückblick auf die ersten „20 Jahre Wissenschaftsstadt Ulm" ergibt sich eine sehr vielschichtige Gründungs- und Aufbaugeschichte. Vor allem in den neunziger Jahren folgte schließlich ein Richtfest auf das andere.

Die Denkschrift wird konkret

→
DENKWÜRDIGE DENKSCHRIFT
Die Denkschrift „Universität Ulm 2000" geht zurück auf eine Senatsklausur der Universität Ulm im Dezember 1983. Im Juni 1986 dem damaligen Ministerpräsidenten Lothar Späth übergeben, zielte sie auf den Aufbau einer „Science City" und enthielt bereits einige der später verwirklichten Ideen. Die Oberziele waren die Entwicklung neuer Studienangebote, eine engere Zusammenarbeit mit der Industrie sowie mehr universitäre Angebote auf dem Gebiet der Gesundheitsversorgung.

→
DIE LENKUNGSKOMMISSION
Das im Februar 1987 unter Vorsitz des Ministerpräsidenten einberufene Gremium erarbeitete generalstabsmäßig das Drehbuch für die Ulmer Wissenschaftsstadt. Den 18 Mitgliedern aus Wissenschaft, Industrie und Verwaltung sowie über 50 wissenschaftlichen Beratern gelang es in der Rekordzeit von zwei Jahren, das geistig-organisatorische Konzept, das Bauprogramm und die personellen Grundlagen für diese zu entwickeln.

WIRTSCHAFTLICHER HINTERGRUND
STRUKTURWANDEL ZIEHT NACH UNTEN

In den frühen achtziger Jahren baute die Ulmer Industrie rapide Arbeitsplätze ab. Über die Stadt legte sich angesichts dieser Rückschläge eine fast schon depressive Stimmung. Die Zuversicht kehrte zurück, als der Aufbau der Ulmer Wissenschaftsstadt neue Perspektiven eröffnete.

Vor 25 Jahren waren die wirtschaftlichen Krisensymptome in Ulm unübersehbar. Aus den großen Unternehmen wie Magirus und Telefunken häuften sich Hiobsbotschaften. Binnen weniger Jahre verschwanden in Ulm etwa 20 Prozent der Industriearbeitsplätze, 10.000 insgesamt.

Ulm, vorher erfolgsverwöhnt aufgrund der größten Industriedichte aller Städte in Baden-Württemberg und der drittgrößten der Bundesrepublik, war auf einmal auf anderem Gebiete führend: bei der Arbeitslosenrate. Sie machte die Verwundbarkeit der lokalen Wirtschaftsstruktur sichtbar.

Zu einseitig war diese auf die Fertigungsindustrie wie den Fahrzeugbau und die Elektrotechnik ausgerichtet. Andere Sektoren wie der Dienstleistungsbereich dagegen waren deutlich schwächer entwickelt als im Landesdurchschnitt. Doch gerade in diesem Bereich lagen die besten Chancen für neue Arbeitsplätze.

Inzwischen ist die Ulmer Wirtschaft wesentlich breiter aufgestellt. Die Abhängigkeit von wenigen Großunternehmen ist stark verringert, der Übergang zu einer mittelständisch geprägten Struktur mit einem starken Dienstleistungsbereich ist gelungen.

Ulm steht heute an der Spitze der innovationsfreudigsten Regionen. 2004 titelte die Wirtschaftszeitung Handelsblatt: „Ulms Aufstieg vom Sanierungsfall zur Wissenschaftsstadt."

1 | Ruhmreiches Zeichen
2 | Die Kehrseite des Strukturwandels: Entlassungen
3 | Telefunken-Werk im Donautal 1972

→
DAS TRAUMA VIDEOCOLOR
Der 17. November 1981 gilt als rabenschwarzer Tag in Ulm. An diesem Tag hatte der Thomson-Brandt-Konzern das Ende der Videocolor GmbH bekannt gegeben. Im vormaligen Telefunken-Werk für Fernsehbildröhren im Industriegebiet Donautal waren damals noch knapp 1.700 Mitarbeiter beschäftigt. Mit einem Schlag verloren alle ihren Arbeitsplatz. Das abrupte Ende löste blankes Entsetzen und ohnmächtige Wut aus. Als „Trauma" wirkte dieser Schlag noch lange in der Stadt nach.

→
IVECO-MAGIRUS
Iveco-Magirus hatte einmal 12.000 Mitarbeiter und 300 Ausbildungsplätze. Heute sind im Ulmer Werk im Donautal knapp 2.000 Mitarbeiter beschäftigt.

Lothar Späth   Ernst Ludwig    Theodor M. Fliedner

Edzard Reuter    Heinz Dürr   Prof. Hans-Joachim Queisser

INITIATOREN UND AKTEURE
GRUPPENBILD OHNE DAME

Technologieregionen werden in der Regel immer von nur wenigen engagierten Akteuren initiiert. Zu den Initiatoren der Ulmer Wissenschaftsstadt zählen mehrere „Väter", aber keine einzige „Mutter". Dem Gruppenbild – somit ohne Dame – gehören an:

LOTHAR SPÄTH
Die Ulmer Wissenschaftsstadt wird heute meist in einem Atemzug mit Lothar Späth genannt. Zwischen 1978 und 1991 Ministerpräsident des Landes Baden-Württemberg, zogen er und sein Wissenschaftsminister Prof. Helmut Engler mit ihren Teams entscheidende Fäden. Späth holte die damalige Daimler Benz AG mit ins Boot. Außerdem setzte er den Ausbau der Universität politisch durch. Seine Agilität brachte Späth den Ruf als pragmatischer Macher ein, bekannt ist er ferner durch seine Tätigkeit als Buchautor und Moderator.

ERNST LUDWIG
Der von 1984 bis 1992 amtierende Ulmer Oberbürgermeister witterte die Gefahr einer Abwanderung des Ulmer Hochfrequenz-Instituts der AEG. Als die AEG ihre Neubauabsichten äußerte, überzeugte er die Verantwortlichen von den Vorzügen eines Standorts in Uni-Nähe. Ludwig und die Ulmer Stadtverwaltung stellten die planerischen Signale auf Grün. Als Wirtschaftsstaatssekretär in den Regierungen Filbinger und Späth (1978–1984) verfügte er über beste Kontakte zu den anderen Akteuren.

THEODOR M. FLIEDNER
Sofort nach seiner Wahl zum Rektor der Universität im Herbst 1983 wurde Prof. Fliedner zu einem sehr weitblickenden und druckvollen Verfechter einer Expansion der Universität. Den Aufbau einer Wissenschaftsstadt brachte er fortan bei vielen Anlässen ins Spiel. Mit seinem Team initiierte er die richtungsweisende Senats-Denkschrift „Universität Ulm 2000". Als seine Amtszeit 1991 endete, waren wesentliche Entwicklungen auf den Weg gebracht. Fliedner, einer der ersten der an die 1967 neugegründete Universität Ulm berufenen Professoren, ist als Wissenschaftler Pionier in der Blutstammzellen-Forschung.

EDZARD REUTER
Edzard Reuter war von 1987 bis 1995 Vorstandsvorsitzender der Daimler-Benz AG. In dieser Position entwickelte er mit seinem Team, darunter Entwicklungsvorstand Rudolf Hörnig, die Vision eines breit gefächerten „integrierten" Technologiekonzerns. In engem Zusammenhang dazu stand der Aufbau des Konzern-Forschungszentrums auf dem Oberen Eselsberg, das damals wie heute zu den wichtigen Säulen der Ulmer Wissenschaftsstadt zählt.

„Ein Rektor, wie ihn sich eine Universität im Aufbruch und Umbruch nur wünschen kann: Ideenreich, aufgeschlossen für die Zusammenarbeit zwischen Wirtschaft und Wissenschaft, für Technologietransfer und Mittelstandspolitik. Und offen, auch Anregungen aus internationalen Entwicklungen aufzunehmen."
Lothar Späth über Alt-Rektor Fliedner

„Lothar Späth ist ein hervorragender Querdenker."
Uni-Altrektor Fliedner über Späth

HEINZ DÜRR
Der Unternehmer war in den achtziger Jahren Vorstandschef des von der Daimler-Benz AG erworbenen Elektrokonzerns AEG-Telefunken. Als Stefan Maslowski, der Leiter des Ulmer AEG-Forschungsinstituts, die Weichen auf räumliche Expansion stellte, ließ sich Dürr von einem Standort auf dem Oberen Eselsberg überzeugen. Damit zündete ein wichtiger Initialfunke für den Auf- und Ausbau der Ulmer Wissenschaftsstadt.

PROF. HANS-JOACHIM QUEISSER
Der Direktor des Max-Planck-Instituts für Festkörperforschung in Stuttgart war Vorsitzender der von der Regierung Späth eingesetzten „Lenkungskommission". Dieses Gremium entwarf den konzeptionellen Bauplan für die Ulmer Wissenschaftsstadt. Der Wissenschaftler erarbeitete vor etwa vierzig Jahren die theoretischen Grundlagen für die Solartechnik.

> **SÜDWEST PRESSE vom 05.08.86**
> Ausweitung der Uni zeichnet sich ab:
> # Daimler plant Forschungszentrum in Ulm
> Oberbürgermeister Ernst Ludwig: Tragweite der hocherfreulichen Nachricht noch gar nicht abzusehen
>
> **Schwäbische Zeitung** vom 5.8.86
> ## Land und Daimler-Benz steigen ganz groß ein
> # Eine Wissenschaftsstadt auf den Oberen Eselsberg
>
> **STUTTGARTER ZEITUNG** vom 6.8.86
> Die Vision „Wissenschaftsstadt" gewinnt Konturen
> Auf Ulms Oberem Eselsberg soll bald eine „Wissenschaftsstadt" entstehen
>
> ## Auch über Ulm geht der dreizackige Stern auf

STARTSIGNAL FÜR DIE ULMER WISSENSCHAFTSSTADT
„DAS STAATSMINISTERIUM ERKLÄRT..."

Nachdem im Frühjahr 1986 hinter verschlossenen Türen erste Sondierungsrunden zwischen Land, Stadt und Industrie stattgefunden hatten, lüfteten sich am 5. August 1986 erstmals die Schleier.

An diesem Tag wurden Landtag und Öffentlichkeit vom Staatsministerium über die „Grundsatzentscheidung" für eine „Wissenschaftsstadt Ulm" ins Bild gesetzt. Brodelte vor diesem Datum die Gerüchteküche, so war mit der Erklärung nun für Klarheit gesorgt. Ihre Kernpunkte lauteten:
- Ausbau der Universität
- Bau des Forschungszentrums der damaligen Daimler-Benz AG auf dem Oberen Eselsberg

Was die Medien bislang nur als vage „Vision" gewertet hatten, nahm damit nun verbindliche Konturen an. Unisono sah sowohl die örtliche wie die Landespresse die Verlautbarung als den entscheidenden Durchbruch für das Großprojekt „Wissenschaftsstadt" an.

Wenige Wochen später, am 1. Oktober 1986, informierte Oberbürgermeister Ernst Ludwig den Ulmer Gemeinderat über die Pläne. Auf die Kommunalpolitik sah er mehrere Aufgaben zukommen: Die Erschließung von neuem Bauland, der Bau der Westtangente sowie die zügige Umsetzung des Stadtqualitätsprogramms mit dem Kongresszentrum und der Neugestaltung von Neuer Straße und Münsterplatz waren die Kernpunkte.

Eine weitere Präzisierung der Pläne zur Wissenschaftsstadt brachte die Regierungserklärung, die Ministerpräsident Lothar Späth am 17. September 1987 abgab. Kurz darauf, am 7. Oktober 1987, standen Späth und die weiteren Mitinitiatoren dem Ulmer Gemeinderat persönlich Rede und Antwort.

Die Hauptakteure vor dem
Ulmer Gemeinderat

Zitate aus der Regierungserklärung

„Es gehört zu den besten Traditionen gerade des deutschen Bildungswesens, dass die akademische Freiheit immer zugleich als gesellschaftspolitische Verantwortung für die Zukunft nachwachsender Generationen verstanden worden ist."

„Man sollte endlich aufhören, die Freiheit von Forschung und Lehre mit einem Denken im elfenbeinernen Turm und mit krampfhafter Abschottung gegen alles, was Lebenswirklichkeit ist, zu verwechseln."

„Gerade technologieorientierte Unternehmen schätzen die Fühlungsvorteile, die mit der Nähe zu einem wissenschaftlich-technischen Zentrum verbunden sind, außerordentlich hoch ein."

„Welche Kooperationsformen letztlich konkret zustande kommen, kann und darf aber nicht jetzt schon festgeschrieben werden. Hier müssen wir viel Spielraum für eine sich selbst steuernde dynamische Entwicklung geben."

„Das pragmatische Verhältnis von Hochschul- und Industrieforschung und die oftmals bestehende fruchtbare Symbiose zwischen beiden hat vor allem junge deutsche Wissenschaftler in großer Zahl in die USA und nach Japan gelockt."

„Die Konzeption des Forschungszentrums Ulm wird im In- und Ausland mit großer Aufmerksamkeit verfolgt."

„Ein Jahrhundertprojekt"

GRÜNDUNGSMYTHEN
DIE VIELEN GEBURTSSTUNDEN DER WISSENSCHAFTSSTADT

Wer war der entscheidende Ideengeber für die Wissenschaftsstadt? Wann fiel der alles entscheidende Startschuss? Und wer feuerte ihn ab? Je nach Sichtweise fallen die Antworten unterschiedlich aus. Einige haben sich mittlerweile zu wahren Gründungsmythen verfestigt.

GÖTTERFUNKEN BEIM SPÄTZLE-ESSEN

Eine inzwischen legendäre Tafelrunde am 14. November 1985 im Gasthaus Engel in Lehr wird selbst in wissenschaftlicher Literatur als die inoffizielle Geburtsstunde der Ulmer Wissenschaftsstadt genannt. Im Verlauf des Mahls – „bei Kässpätzle und ein paar Viertele Wein" – machte der damalige Ulmer Oberbürgermeister Ernst Ludwig dem seinerzeitigen AEG-Chef Heinz Dürr den Oberen Eselsberg schmackhaft als Standort für das geplante neue AEG-Forschungszentrum. Im Ulmer Rathaus hatte man eine Abwanderung nach Bayern befürchtet. „Der Götterfunken zündete und die Idee war geboren", wurde Ludwig rückblickend in der Presse zitiert.

GRUNDSTEINLEGUNG DES LASER-INSTITUTS

Die Grundsteinlegung für das Laserinstitut war im September 1985. Bei dieser Gelegenheit sprach der damalige Rektor der Universität, Prof. Theodor M. Fliedner, nachweislich vom ersten Baustein einer künftigen Wissenschaftsstadt. Das Datum geistert seither als Starttermin durch die Presse: „Mit dem Laserinstitut hat die Wissenschaftsstadt angefangen."

„DENKSCHRIFT" – FRÜHE FASSUNG

Ergebnis einer Klausur von Uni-Rektor und -Senat im Herbst 1983 war die erste Fassung einer Denkschrift über die weitere Entwicklung der Universität. Sie wurde dem damaligen Ministerpräsidenten Lothar Späth am 5. Juli 1984 bei einem Besuch der Universität überreicht. Laut Landtagsdrucksache 10/6666 war darin „die Idee zur Errichtung einer forschungsorientierten ‚Wissenschaftsstadt'" enthalten. Die Schrift ist somit – nach derzeitigem Forschungsstand – der früheste schriftliche Beleg für den Wunsch, eine solche aufzubauen.

Grundsteinlegung des Laser-Instituts

„BEIM BIER" – DIE VERSION SPÄTH

Lothar Späth sah die Geburtsstunde der Wissenschaftsstadt „bei einem Bier" gekommen, das er in Anschluss an ein Tennisspiel mit seinem Partner Heinz Dürr eingenommen hatte. Dabei habe er die Frage aufgeworfen, wie die AEG in Ulm „gehalten" werden könne? Dies erklärte er bei einem Besuch in Ulm am 4. Oktober 1991. Den Termin des Matchs verriet er allerdings nicht.

DAS „DING" AUF DEM OBEREN ESELSBERG

Oder schlug die Geburtsstunde, als Ministerpräsident Lothar Späth 1986 mit dem Daimler-Benz-Konzern über die Ansiedelung eines neuen Automobilwerks im badischen Rastatt verhandelte? Das Land förderte dies durch „Strukturmaßnahmen" – und Späth forderte im Gegenzug: „Ulm muss aber mit hinein." Wie ihn eine Handelszeitung weiter zitierte, endete die Verhandlung mit einem Durchbruch: „Als wir das beieinander hatten, haben wir gesagt, auf dieser Basis wollen wir das Ding machen."

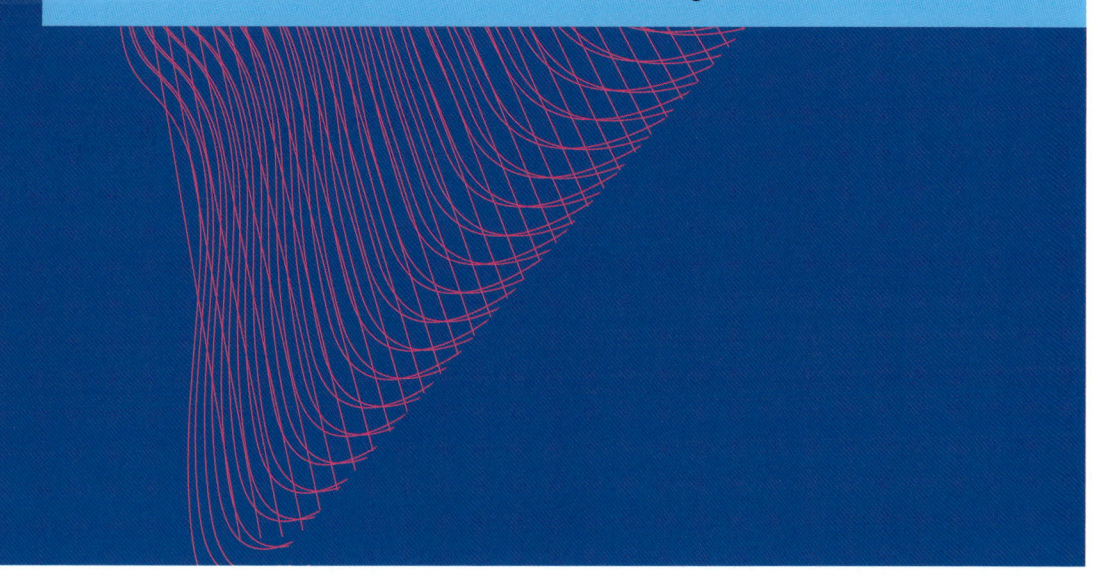

Wissenschaftsstadt – Chancen und Gefahren

Geheimhaltung der Forschung steht schon im Vertrag

„Technopolis Ulm": Eine Stiftung und ein Partnerschaftsvertrag

KRITISCHE STIMMEN
UNIVERSITÄT IM SOG WIRTSCHAFTLICHER INTERESSEN?

In der Planungs- und Aufbauphase war die Wissenschaftsstadt nicht unumstritten. Starke Vorbehalte wurden gegen die gewollte Industrienähe geäußert. Naturschützern erschien der Landschaftsverbrauch problematisch.

Aus den Reihen der damaligen Landtagsopposition schlug den Plänen der Regierung Späth starke Skepsis entgegen. Woran sich die Kritiker insbesondere rieben war das starke Engagement des Daimler-Benz-Konzerns in der Ulmer Wissenschaftsstadt. So gab es in der SPD die Befürchtung, die Universität könne „in die babylonische Gefangenschaft der Wirtschaft" geraten. Die Grünen sprachen von der Gefahr einer „Verdaimlerisierung Baden-Württembergs" und von „Hochschulen unter dem Daimler-Stern".

In Ulm lehnten vor allem die Grünen die Pläne ab. Im Gemeinderat entzündeten sich heftige Wortgefechte. Die Stadt werde mehr denn je zum „Rüstungsstandort", lautete einer der Vorwürfe.

Widerspruch kam zudem von Naturschützern. Weil für einige Bauvorhaben in der Helmholtzstraße Eingriffe in „wertvollen Mischwald" nötig waren, gab es mehrfach Protestaktionen. Strittig bis zuletzt blieb der Bau der Nordtangente, deren erste Ausbaustufe direkt mit dem Aufbau der Wissenschaftsstadt in Zusammenhang steht.

Uni vor ihrer größten Chance

reine Technik-Kaderschmiede?

Modellprojekt Universität Ulm: „Wir müssen die Industrie an den Unis anflanschen, sonst haben wir kei

Hochschule: Prinzessin oder Hure?

Der Wandel der kleinen Universität Ulm zur Denkfabrik der Industrie

Grüne sehen sich durch Studie in Kritik an der „Daimler-Stadt" bestärkt

enschaftsstadt Ulm ja – aber Abhängigkeit von Konzernen

→
„WÜRDE ZURÜCKTRETEN"
Sehr kritisch bewertete 1987 der damalige Präsident der Tübinger Universität, Prof. Adolf Theis, den Ulmer Ansatz. In einem Zeitungsinterview führte er aus: „Ich kann nur sagen, sollte in Tübingen eine derartige Zusammenarbeit ins Auge gefasst werden, dann würde ich mein Präsidentenamt zur Verfügung stellen, weil die Uni eine Einrichtung ist und bleiben muss, die Grundlagenforschung betreibt."

→
„HOCHSCHULE: PRINZESSIN ODER HURE?"
Unter dieser provokanten Überschrift stellte das Nachrichtenmagazin „Der Spiegel" (44/1988) „das Lieblingsprojekt des Stuttgarter Ministerpräsidenten Späth" vor, das in dem Artikel scharf kommentiert wurde: „Noch nie wurde eine deutsche Universität so gründlich zum Supermarkt der Wirtschaft umgebaut." Die Daimler-Benz AG bekomme „eine Universität nach Maß". Ein Tübinger Physiker wurde mit den Worten zitiert: „In Ulm beginnt das Zeitalter der totalen Außensteuerung der Universität."

→
„FREIHEIT VON FORSCHUNG UND LEHRE AUFGEHOBEN"
Eine der schärfsten lokalen Kritikerinnen der geplanten Wissenschaftsstadt war die Grünen-Politikerin Jutta Oesterle-Schwerin. Sie sah „die Freiheit von Forschung und Lehre" in Gefahr und befürchtete überdies eine einseitige Ausrichtung „auf Rüstungs- oder Automobilforschung".

PRIVATES ENGAGEMENT
UNTERSTÜTZUNG FÜR ANSCHUB UND NEUSTART

Dem 2004 geschlossenen FAW-Institut ist der Neustart geglückt. Unterstützung der Wissenschaftsstadt durch privatwirtschaftliche Unternehmen ist längst an der Tagesordnung.

In Zeiten zunehmend knapper öffentlicher Kassen ist privates Engagement umso wichtiger. Beispielhaft dafür stehen die Universitätsgesellschaft, der Verein der Freunde und Förderer der Fachhochschule Ulm und die Stifter von Professuren, die damit ebenfalls die Hochschulen stärken. Eine Wissenschaftsstadt trägt einen stark experimentellen Charakter und unterliegt so einem permanenten Anpassungszwang. Manches endet, anderes erfährt neue Perspektiven.

Übrigens: Den Einbruch des „Neuen Markts" hat die Ulmer Wissenschaftsstadt gut überstanden. Nur wenige Firmen aus den Science Parks mussten aufgeben.

STIFTUNGSPROFESSUREN

An der Universität Ulm:
– Professur für Wirtschaftspolitik (Stifterverband für die Deutsche Wirtschaft)
– Professur für Telekommunikationstechnik und Angewandte Informationstheorie (Fa. Siemens)
– Professur für Transfusionsmedizin und Immunologie (DRK-Blutspendedienst)
– Professur für Biochemie der Gelenk- und Bindegewebserkrankungen (Fa. Merckle)
– Professur für Laser- und Dentaltechnologien (Fa. KaVo Dental)
– Professur für Strategische Unternehmensführung und Finanzierung (Werner Kress)

An der Fachhochschule Ulm:
– Energiedatenmanagement für dezentrale und regenerative Energieversorgungssysteme (Stifter: Solarstiftung Ulm/Neu-Ulm)

FÖRDERER VON BEGINN AN

Die Ulmer Universitätsgesellschaft e.V. (UUG) verbindet seit vier Jahrzehnten die Universität mit der Stadt und der Region. Ihre Mitglieder, darunter auch viele Unternehmen, fördern die Entwicklung der Hochschule ideell und finanziell. Davon profitieren Lehre und Forschung ebenso wie die internationale Zusammenarbeit oder kulturelle und sportliche Aktivitäten. Der 1961 gegründete Verein der Freunde und Förderer der Fachhochschule Ulm (VdFF) stellt jährlich einen projektbezogenen Betrag bereit. 1,5 Mio. Euro kamen bislang zusammen. Unter den gegenwärtig 560 Mitgliedern befinden sich 80 Unternehmen. Der Verein schreibt den jährlichen Innovations- und Transferpreis für technisch-wissenschaftliche Leistungen aus.

NEUSTART GEGLÜCKT

Bisherige wie neu gewonnene Stifter und die Stadt Ulm waren es, die eine Auffanglösung für das „Forschungsinstitut für anwendungsorientierte Wissensverarbeitung" (FAW) möglich machten. Das ursprüngliche FAW musste Ende 2004 schließen, nachdem sich das Land aus der Grundfinanzierung zurückgezogen hatte. Das neue Institut firmiert unter dem Kürzel „FAW/n" – „n" steht für neu. In vorerst kleinerem Rahmen kann dort zumindest ein Teil der Arbeit fortgeführt werden.

ÖKOSOZIALE MARKTWIRTSCHAFT

Das FAW/n, wiederum geleitet von Prof. Franz Josef Radermacher, konzentriert sich ganz auf eine einzige, aber sehr umfassende Themenstellung: „Arbeiten an Fragen der Globalisierung und der Nachhaltigkeit, der weltweiten ökosozialen Marktwirtschaft, Fragen der Weltbevölkerung und solchen der interkulturellen Entwicklung."

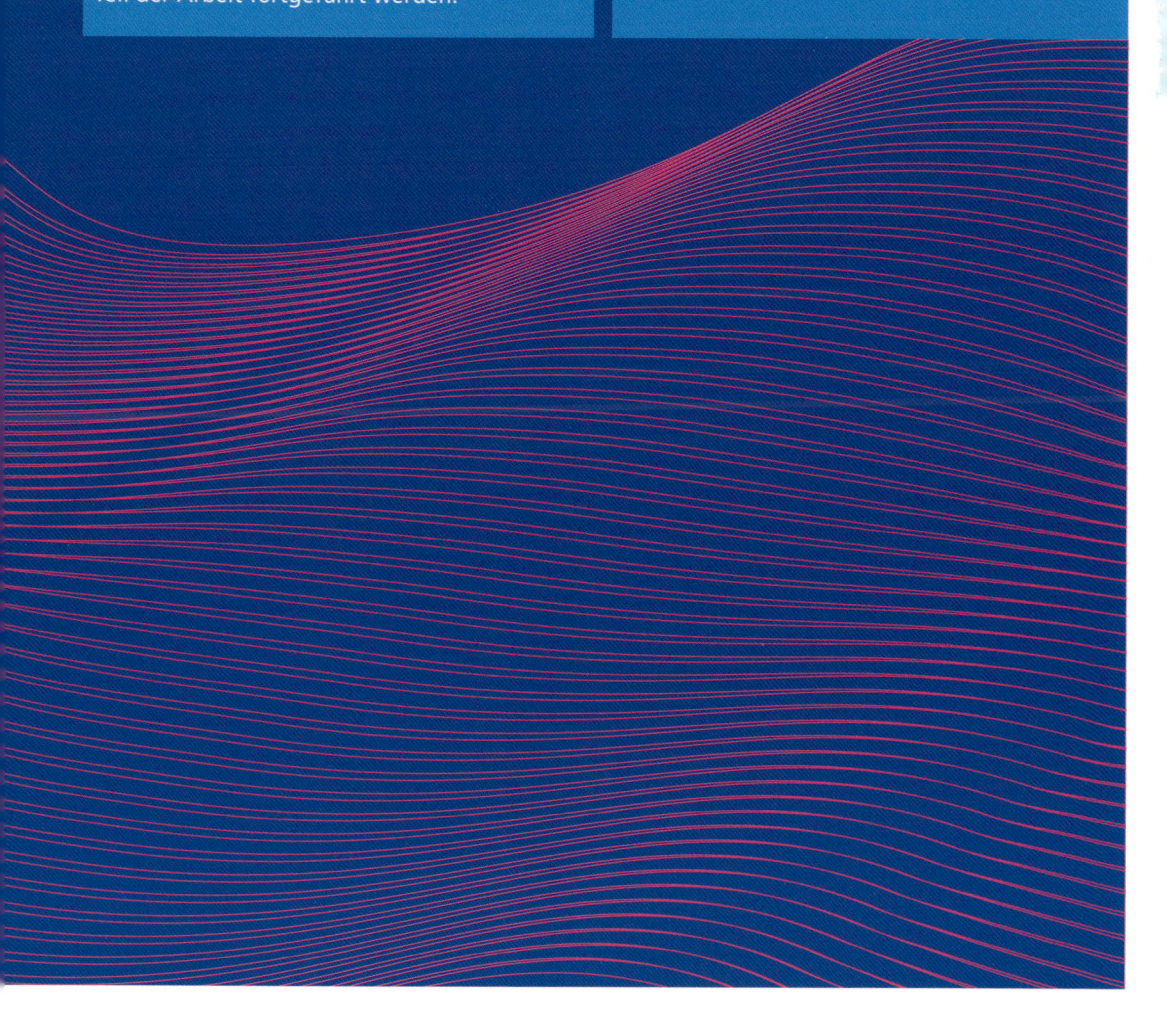

ULMER INNOVATIONSGESCHICHTE/N
SEIT 200 JAHREN „SPITZE IM SÜDEN"

Eine „Innovationsregion" war Ulm schon zu einer Zeit, als dieser Begriff noch gar nicht erfunden war. Industriepioniere brachten die Stadt im 19. Jahrhundert durch ihre Erfindungen und neue Produktionsverfahren frühzeitig an die „Spitze im Süden".

- In Ulm wurden die erste Dampfmaschine und die erste englische Drehbank Württembergs eingesetzt.
- In Ulm erstand die erste Messingfabrik Deutschlands.
- Von Ulm aus wurde die Zementproduktion revolutioniert.
- Und der Menschheitstraum vom Fliegen spornte einen Schneider zur Konstruktion eines Hängegleiters an. Der Spott, den ihm sein gescheiterter Flugversuch einbrachte, lässt leicht vergessen, dass sich der Visionär Albrecht Ludwig Berblinger (1770–1829) sehr viel erfolgreicher mit der Entwicklung künstlicher Gliedmaßen beschäftigte.
- Albrecht Berblinger steht am Beginn einer langen Reihe kreativer Handwerksmeister und Tüftler Ulmer Herkunft.
- 1838 entwickelte der Apotheker Gustav Leube (1808–1881) ein Verfahren zur Herstellung von Zement, womit dieser Industriezweig im Blautal seinen Anfang nahm.
- 1875 brachte die Fabrik für Feuerwehrrequisiten des Kaufmanns Conrad Dietrich Magirus die erste fahrbare freistehende Feuerwehrleiter auf den Markt. Der damit eingeschlagene Erfolgskurs mündete in das heutige Iveco-Lkw-Werk und zur ebenfalls in Ulm ansässigen Iveco Magirus-Brandschutztechnik GmbH.
- Die Eberhardt-Pflugfabrik, die bis 1980 bestand, war Weltmarktführer für Bodenbearbeitungsgeräte.
- Aus der 1893 von Karl Kässbohrer eröffneten Fabrik für die Herstellung von Wagen und Kutschen erwuchs ein führender Omnibushersteller (heute Evo-Bus). Mit der Einführung der „selbsttragenden" Karosserie („SETRA") installierte er ein bis heute gültiges Konstruktionsprinzip.

1944 wurde mit der Verlagerung von Telefunken von Lodz nach Ulm das Kapitel des Ulmer Röhrenwerks aufgeschlagen. 1955 kam das Forschungsinstitut von AEG-Telefunken dazu. Dessen Forschungserfolge, z. B. in der Glasfaser-Übertragung und der Sprach- und Muster-Erkennung, bereiteten früh den Nährboden der Wissenschaftsstadt. Dazu kam die hohe Kompetenz in der Kommunikations-, Sicherheits- und Verteidigungstechnik.

Weniger bekannt sind die frühen Erfolge der Firma Medizintechnik Ulrich, die 1952 das erste künstliche Fingergelenk entwickelte und 1958 die erste deutsche Herz-Lungen-Maschine baute.

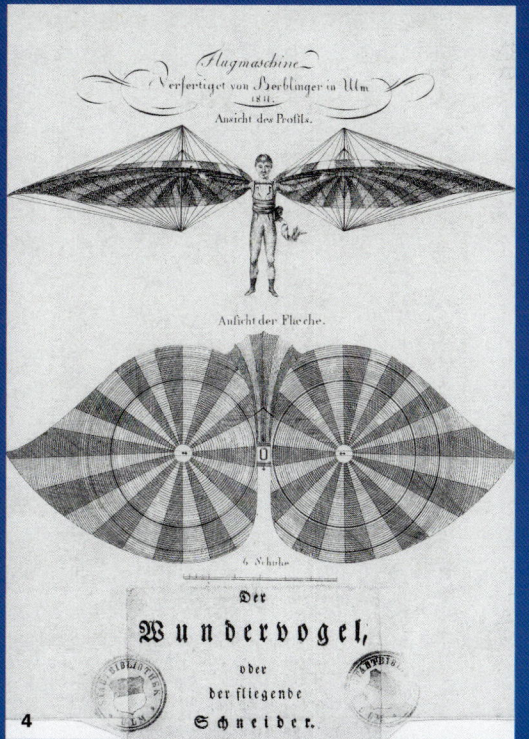

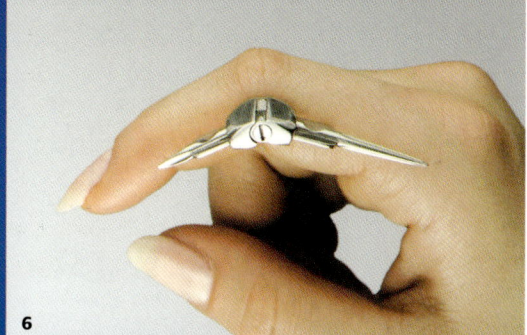

1 | Frühes Magirus-Erfolgsprodukt
2 | Werbeanzeige der Kässbohrer Fahrzeugwerke (1950er Jahre)
3 | Selbsttragend
4 | Berblingers Flugapparat
5 | „Schneewittchensarg" – Plattenspieler im HfG-Design
6 | Künstliches Fingergelenk (Medizintechnik Ulrich)

→
ULMER „SYSTEME"

Längst Mythos ist die weltberühmte Ulmer Hochschule für Gestaltung (HfG), die von zwei Ulmern, Otl Aicher und Inge Scholl, sowie dem Schweizer Multitalent Max Bill, initiiert worden war. Durch dieses Labor für Gestalter wurde „ulm" in Kleinschreibweise zum Synonym eines sachlichen, auf der Grundlage wissenschaftlich-rationaler Methoden entwickelten Designs. Im Mittelpunkt stand an der HfG weniger die Arbeit an Einzelentwürfen als an komplexen Lösungen, etwa zum Thema „Verkehr". Dieser Systemgedanke wurde vom Gartenzubehör-Hersteller Gardena in genialer Weise auf sein Gebiet übertragen. Und selbst im Schmucksystem „Charlotte", entwickelt und vertrieben vom Ulmer Juwelier Ehinger-Schwarz, ist ein ferner Widerhall der Ideen spürbar, wie sie auf dem Ulmer Hochsträss, diesem weiteren Ulmer Denker-Hügel, geboren worden waren.

→
TRENDSETTER BEIM EUROPÄISCHEN MOBILFUNK

In der Geschichte des europäischen Mobilfunks nimmt Ulm eine herausragende Rolle ein. Ein Meilenstein gelang 1980 mit der deutsch-französischen Entwicklung eines digitalen Autotelefons. Unter Federführung der Ulmer AEG Telefunken erarbeiteten zwölf Länder den heutigen Weltstandard GSM (Global System for Mobile Communication). Die Ulmer AEG hatte großen Anteil an der Lösung der Probleme, wozu die Sprachcodierung und die Kryptographie zählten. Das immense Know-how lockten 1997 den Siemens-Konzern und ein Jahr später Nokia auf den Oberen Eselsberg.

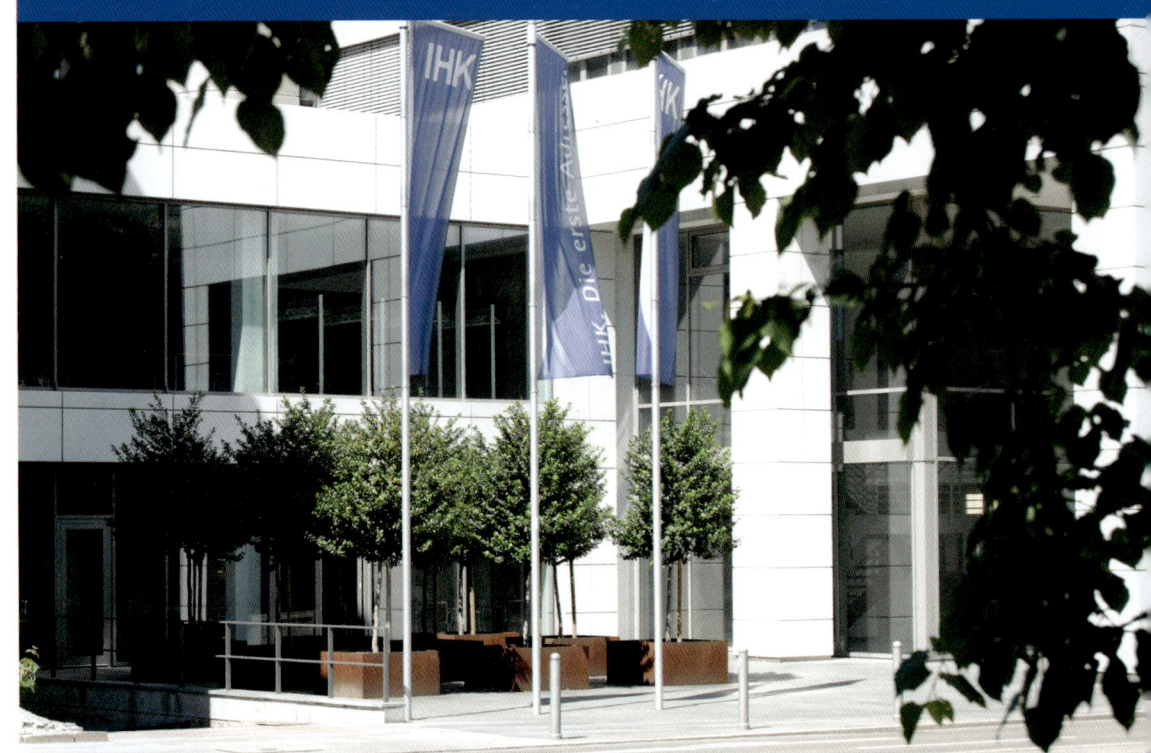

WISSENSCHAFTSSTADT UND WIRTSCHAFT
EIN MOTOR MIT HOHER DREHZAHL

Die Ulmer Wissenschaftsstadt stärkt die regionale Wirtschaft. Für die Industrie- und Handelskammer Ulm (IHK) liegt einer der Hauptgründe dafür im großen Potenzial an hoch qualifizierten Mitarbeitern.

- Beispiel Elektronische Datenverarbeitung, Informationstechnologien und Ingenieurswesen: In diesen Branchen sind in der IHK-Region mittlerweile über 500 Handelsregisterfirmen tätig. Mehr als die Hälfte davon wurde 1985 oder später gegründet.
- Von den jungen Firmen mit Schwerpunkt Forschung und Entwicklung hat sich die Mehrzahl im geographischen Schwerpunkt Ulm gegründet.

Für die IHK sind dies Belege unmittelbarer Effekte der Wissenschaftsstadt auf die lokale Wirtschaft. Weil für Bereiche wie Chemie, Physik, Informatik und Ingenieurswissenschaften ebenfalls ein großes Potenzial qualifizierter Ingenieure zur Verfügung steht, würden die Effekte weit gestreut.

→
INNOVATIONSKRAFT DER WIRTSCHAFT STEIGT
Der Schwerpunkt der Firmenstruktur in der IHK-Region liegt immer noch in den Bereichen Maschinenbau, Konstruktion und Fertigung. Voraussetzung dafür ist ein dauerhaft innovatives Klima, das nach Einschätzung der IHK durch die Wissenschaftsstadt deutlich gefördert wurde.
Beispiel Kooperationsprojekte:
– Die weltweit einzigartige Steuerung von Rettungsleitern ist Ergebnis der Kooperation der Universität Ulm mit dem Unternehmen Magirus Brandschutz.
– An der Optimierung des Voith-Schneider Propellers waren die universitären Mathematikwissenschaften beteiligt. Diese Weiterentwicklung führt heute zu enormen Energie- und damit Kosteneinsparungen bei einer Vielzahl von Schiffen.

→
NACH VORNE KATAPULTIERT
Die IHK-Region Ulm zählt zu den forschungsintensivsten Regionen in Baden-Württemberg.
– Laut Statistischem Landesamt liegt der Forschungs- und Entwicklungsaufwand in der Region bei überdurchschnittlichen 3,76 Prozent der Bruttowertschöpfung.
– Weit überdurchschnittlich viele Beschäftigte sind im IHK-Gebiet im Forschungs- und Entwicklungsbereich tätig – 1,73 Prozent aller Arbeitskräfte.
– Von den zusammen über 4.500 Stellen im Forschungs- und Entwicklungsbereich waren im Jahr 2003 2.612 in Ulmer Unternehmen angesiedelt, 396 im Alb-Donau-Kreis und 1.519 im Landkreis Biberach.
– Laut Innovationsindex, berechnet vom Statistischen Landesamt, belegt die Stadt Ulm von den 44 Kreisen in Baden-Württemberg den 8. Platz.

→
JOBMASCHINE HOCHSCHULBEREICH
Die Bedeutung von Universität, Universitätskliniken und Fachhochschule als Ulmer Arbeitgeber ist in den zurückliegenden Jahren stetig gestiegen. Waren an Universität einschließlich des Klinikums im Jahr 1985 erst 4.008 Personen hauptberuflich beschäftigt, so stieg diese Zahl bis zum Jahr 2004 auf 6.875. Im gleichen Zeitraum erhöhte sich die Zahl der Mitarbeiter der Fachhochschule Ulm von 138 auf 256 Personen. Die Universität ist heute größter Anbieter von Ausbildungsplätzen in Ulm und Träger der Akademie für Medizinische Berufe.

1983

1. Oktober: Rektorat Prof. Dr. Theodor M. Fliedner (Universität).
10. Dezember: Senatsklausur auf der Reisensburg zum Thema „Universität Ulm 2000", bei der erstmals „An-Institute" ins Spiel gebracht werden.

1984

4. Juli: Rektor Prof. Theodor M. Fliedner erklärt vor dem Regionalverband Donau-Iller: „Wir wollen eine ‚Science-City' aufbauen." **4. Juli:** Gespräch zwischen Ministerpräsident Späth, Wissenschaftsminister Engler und Rektor Fliedner über die zukünftige Entwicklung der Universität.

1985

6. September: Grundsteinlegung für das Institut für Lasertechnologien in der Medizin. **14. November:** Beim legendären „Spätzle-Essen" macht Ulms damaliger Oberbürgermeister Ernst Ludwig dem damaligen AEG-Chef Heinz Dürr den Oberen Eselsberg als Standort für das geplante AEG-Forschungszentrum schmackhaft.

1986

Gründung des Instituts für Diabetestechnologie (seit 1990 „An-Institut").
3. Juni: Einweihung des Instituts für Lasertechnologien in der Medizin an der Universität. **3. Juni:** Überreichung der Denkschrift „Entwicklungsperspektiven der Universität bis zum Jahre 2000" mit den Ausbauwünschen an Lothar Späth. Der Ministerpräsident macht den Aufbau eines ingenieurwissenschaftlichen Standbeins von der Beteiligung der Industrie abhängig. **5. August:** Staatsministerium gibt den Aufbau einer Ulmer Wissenschaftsstadt bekannt. Unisono werten dies Presse und Stadt Ulm als Durchbruch für die „Vision". **1. Oktober:** Oberbürgermeister Ernst Ludwig informiert den Ulmer Gemeinderat über die Pläne.
8. Oktober: Lothar Späth führt Gespräche mit Vertretern der Universitäten Stuttgart und Karlsruhe und beteiligt sie an den Ulmer Planungen. Ein strategischer Schachzug, denn so werden mögliche Frontstellungen schon im Vorfeld vermieden.

1987

23. Februar: Konstituierung der Lenkungskommission für den Aufbau der Wissenschaftsstadt. Ihr gehören Vertreter des Landes, der Universitäten Ulm, Stuttgart und Karlsruhe, der Ulmer Oberbürgermeister, Vorstandsmitglieder der Firma Daimler Benz sowie weiterer Firmen an. **4. März:** Kabinett der Landesregierung berät über das „Forschungszentrum Ulm". Ministerrat nimmt den Bericht zum Ausbau „zustimmend zur Kenntnis". Nach damaligem Stand sollte die gesamte Konzernforschung der Daimler-Benz AG in Ulm gebündelt werden. Das Forschungszentrum wurde später in etwas kleinerer Dimension realisiert.
7. Mai: Vereinbarung von Land und sechs Stiftern zur Gründung des FAW.
8. Mai: Ministerpräsident Lothar Späth legt Konzept für Wissenschaftsstadt vor.
17. September: Regierungserklärung Lothar Späths zum „Forschungszentrum Ulm". **7. Oktober:** Lothar Späth stellt dem Ulmer Gemeinderat die Pläne vor.
27. November: Grundsteinlegung für das AEG-Forschungszentrum.
31. Dezember: Übergabe Gebäude Innere Medizin.

1988

16. März: Gründung der Stiftung „Zentrum für Sonnenenergie- und Wasserstoff-Forschung Baden-Württemberg" (ZSW) mit Sitz in Ulm und Stuttgart.
August: Institut Burri für unfallchirurgische Grundlagenforschung in Betrieb.
Sommer: Beginn Wohnungsbau am „Eselsberg West".

1989

FH-Rektor Prof. Dr. Günther Hentschel folgt auf Prof. Dr. Karl Xander.
27. Januar: Wissenschaftsrat der Bundesregierung gibt positive Stellungnahme zum Ausbau der Universität ab. **22. März:** Abschlusssitzung der Lenkungskommission. **April:** Baubeginn für Science Park I.

1990

2. April: Spatenstich Universität II. **1. Juni:** Einweihung der 1. Baustufe des Daimler-Benz-Forschungszentrums, gleichzeitig Grundsteinlegung für Baustufe II.
27. September: Richtfest Universität II.

1991
27. September: Teilübergabe Universität West. **1. Oktober:** Rektorat Prof. Wolfgang Pechold (Universität). **29. November:** Einweihung des Science Park I.

1993
Gründung des Instituts für Finanz- und Aktuarwissenschaften. Daimler-Benz-Forschungszentrum, Baustufe II, in Betrieb.

1994
Gründung des Instituts für Medienforschung und Medienentwicklung.
Herbst: Zum Wintersemester 1994/95 beginnt der Lehrbetrieb der FH Neu-Ulm.

1995
2. Februar: Übergabe des 2. Bauabschnitts der Universität West.
1. Oktober: Rektorat Prof. Dr. Hans Wolff (Universität). **18. Oktober:** Ulmer Gemeinderat richtet einen „Innovationsausschuss" ein. Seine Aufgabe besteht unter anderem darin, „Ulmer Kompetenzfelder" zu benennen, die auf künftige „vermarktbare Produkte" schließen lassen. **9. November:** Gründung der Solarstiftung Ulm/Neu-Ulm.

1996
Februar: Fertigstellung der Strahlentherapie.

1997
Gründung der städtischen Projektentwicklungsgesellschaft PEG. Gründung des Science Park II, schrittweiser Ausbau.

1998
Nokia nimmt in Ulm eines von vier Forschungs- und Entwicklungszentren in Deutschland in Betrieb.

2001
Rektorat Prof. Dr. Achim Bubenzer (Fachhochschule).

2002
Oktober: Eröffnung des „Energon" als weltweit größtes Bürogebäude im Passivhaus-Standard.

2003
Rektorat Prof. Dr. Karl Joachim Ebeling. **Januar:** Eröffnung Edison Center in Neu-Ulm. **24. Juli:** Grundsteinlegung für das Brennstoffzellen-Weiterbildungszentrum.

2004
7. Juni: Gründung der Ulmer Brennstoffzellen-Manufaktur.
31. Dezember: Schließung FAW.

2005
Wettbewerb für Science Park III (städtebauliches Konzept).
Januar: Gründung FAW/n.

2006
April: Umbenennung der Fachhochschule Ulm in „Hochschule Ulm – Technik, Informatik und Medien". **20./21. September:** Kongress „Die Stadt Ulm im Wandel. Wissen schafft Zukunft".

2007
Geplanter Baubeginn Chirurgie.

DIE STADT ULM HAT DAS PROJEKT WISSENSCHAFTSSTADT DURCH EIGENE MASSNAHMEN VON BEGINN AN AKTIV BEGLEITET UND GEFÖRDERT. PARALLEL ZUM AUF- UND AUSBAU DER WISSENSCHAFTSSTADT HAT SIE SICH SELBST EINEM GRUNDLEGENDEN MODERNISIERUNGSPROZESS UNTERWORFEN. BILDUNGS- UND INNOVATIONSOFFENSIVE, DIE NEUGESTALTUNG DER NEUEN STRASSE UND DIE PLANUNGEN FÜR DEN SCIENCE PARK III STEHEN FÜR KONTINUITÄT UND DEN FESTEN WILLEN DER STADT, DIE ERFOLGREICHE ENTWICKLUNG DER WISSENSCHAFTSSTADT WEITER VORAN ZU TREIBEN.

STADT ULM AKTIV

STADT ULM AKTIV
UNTERSTÜTZUNG FÜR DIE WISSENSCHAFTSSTADT

Der Erfolg der Wissenschaftsstadt lässt sich durch die Stadt Ulm nicht steuern. Aber fördern – und dies nicht allein durch die Optimierung der Rahmenbedingungen. Ulm hat sich nie auf eine allein begleitende Rolle beschränkt und wird auch künftig eigene Impulse setzen.

Die Stadt initiierte den Science Park II. Sie hat dazu die Projektentwicklungsgesellschaft PEG gegründet. Diese berät und unterstützt Unternehmen bei der Ansiedlung und entwickelt und baut auch selbst gewerblich genutzte Gebäude.

Die Infrastruktur in Ulm/Neu-Ulm für Tagungen und Messen ist erstklassig. Sie wurde parallel zum Aufbau der Ulmer Wissenschaftsstadt immer weiter ausgebaut.

Die Wissenschaftsstadt ist Leitbild für einen breit angelegten Modernisierungsprozess. Ulm hat seine Qualität als Lebens- und Arbeitsumfeld dadurch stark erhöht.

Mit dem „Verein zur Förderung der Innovationsregion – Spitze im Süden" ist ein weit ausstrahlendes Regional-Marketing verknüpft, um das zukunftsorientierte Profil nachhaltig zu kommunizieren.

Mit ihrer Innovationsoffensive lancierte die Stadt Ulm eigene Ideen und Lösungen.

Die Bildungsoffensive der Stadt trägt zu guten Startbedingungen in die „Wissensgesellschaft" bei.

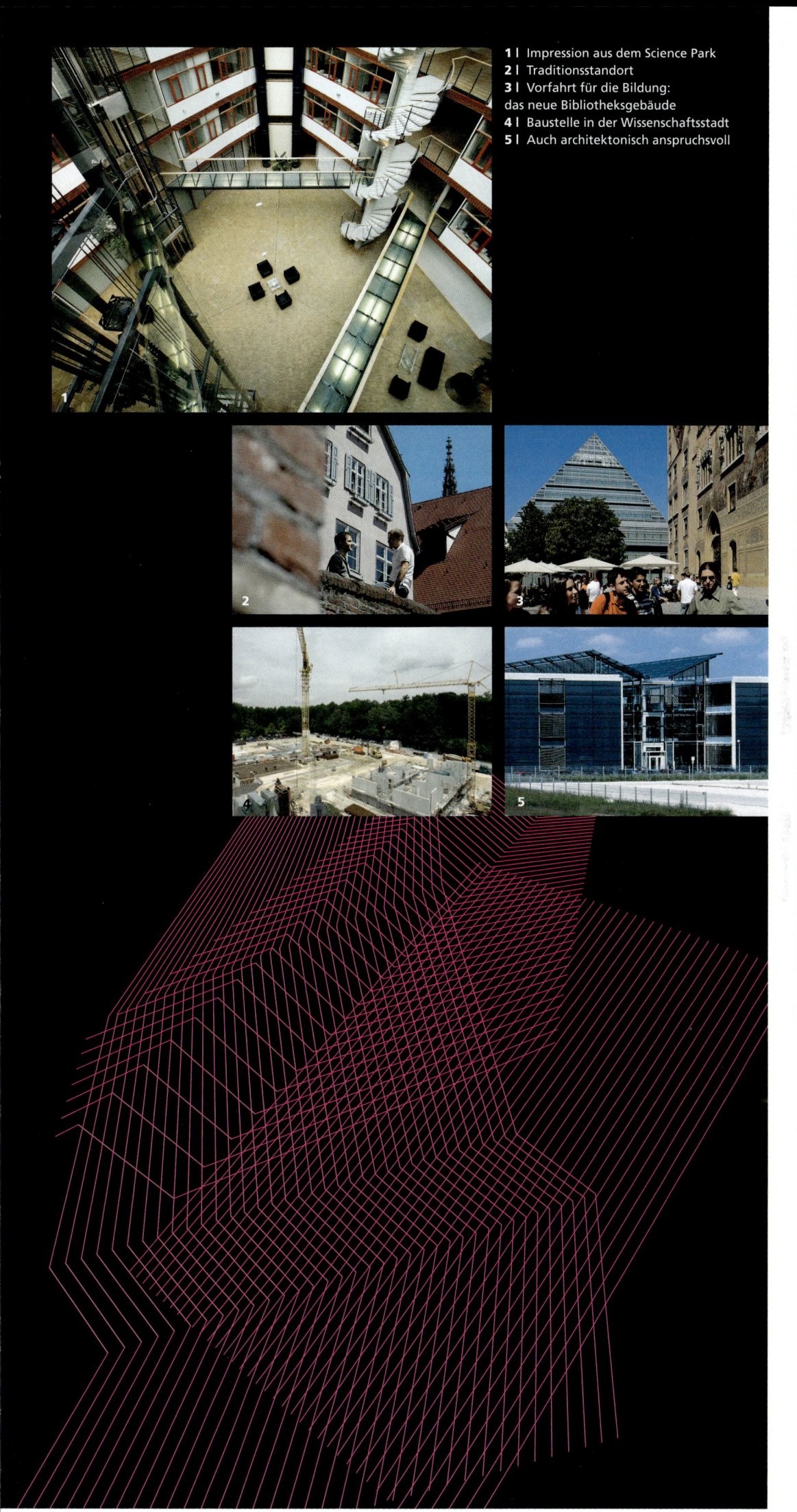

1 | Impression aus dem Science Park
2 | Traditionsstandort
3 | Vorfahrt für die Bildung:
das neue Bibliotheksgebäude
4 | Baustelle in der Wissenschaftsstadt
5 | Auch architektonisch anspruchsvoll

STADT ULM AKTIV
MODERNISIERUNGS-
PROGRAMME
FÜR DIE STADT

Während die Wissenschaftsstadt erste Konturen annahm, hat sich die Stadt einem umfassenden Modernisierungsprozess unterzogen. Zwei Investitionsprogramme zielten auf die Aufwertung der Innenstadt und die Sicherung des Wirtschaftsstandorts ab.

In Zeiten zunehmenden Wettbewerbs von Städten und Regionen dürfen Innenstädte sich nicht allein auf Handelsaktivitäten beschränken. Sie müssen vielmehr mannigfache Möglichkeiten der Identifikation für die Bürger bieten. Und sie spielen eine Rolle, wenn Unternehmen Standortfaktoren prüfen. Das Umfeld muss stimmen, damit begehrte Fachkräfte zuziehen oder Hochschul-Absolventen hier bleiben.

Dem Mitte der achtziger Jahre verabschiedeten Stadtqualitätsprogramm schloss sich 1997 nahtlos das „Zukunftsprogramm Ulm 2005" an. Beiden Programmen lag eine gemeinsame Annahme zugrunde: Neue Kräfte erwachsen der Stadt in Zukunft verstärkt aus Dienstleistung, Kultur, Forschung und Entwicklung. Dies erfordert eine öffentliche Infrastruktur auf höchstem Niveau. Die allermeisten Punkte der Programme sind längst Realität, die Wissenschaftsstadt hat dafür hohe Maßstäbe gesetzt:
– Am Valckenburgufer entstand das leistungsfähige Congress Centrum Ulm CCU.
– Investiert wurde in den Ausbau der „ulmmesse" samt multifunktionalen Messe- und Ausstellungshallen.
– Die Neuordnung des Münsterplatzes gelang mit dem Bau des Stadthauses. Dessen anspruchsvolle Architektur schlägt eine direkte Brücke zur Wissenschaftsstadt. Denn der New Yorker Architekt Richard Meier zeichnete ebenso die Pläne für das DaimlerChrysler Forschungszentrum.
– Die neue Zentralbibliothek wie die neue Musikschule der Stadt Ulm ermöglichen Nutzern wie Mitarbeitern optimale Arbeitsbedingungen.
– Dazu kamen weitere Maßnahmen zur Steigerung der Qualität des öffentlichen Raums im Bereich von Straßen, Gassen und Plätzen sowie die Sanierung von Stadtquartieren.

Die größte Herausforderung war die Neuordnung der Neuen Straße. Diese Verkehrsschneise war nach dem Krieg mitten durch die Innenstadt geschlagen worden. Ihr komplizierter Umbau erforderte einen langen Atem und viel Geduld. Wenige Monate noch, und Ulms „Neue Mitte" ist vollendet.

→
PARKPLATZ – DAS WAR EINMAL
Dass sogar das Herzstück der Stadt, der Münsterplatz, zum Parkplatz degradiert war, erscheint aus heutiger Perspektive bereits wieder wie aus einer sehr weit zurückliegenden Zeit.

→
NEUE STRASSE
Ulms Mitte wurde völlig neu definiert – deshalb „Neue Mitte". Ihre Bausteine sind: die künftige Kunsthalle Weishaupt des Architekten Wolfram Wöhr sowie die beiden von Stephan Braunfels kreierten Hochbauten „Münstertor" und „Rathaus-Arkaden". Die ehemals sechsspurige Schneise wurde auf zwei Fahrbahnen für den Individualverkehr und zwei für den ÖPNV zurückgebaut. Vorher allein den täglich bis zu 33.000 Fahrzeugen vorbehalten, sind nun neue Nutzungsmöglichkeiten hinzugekommen.

→
IDEALE BEDINGUNGEN FÜR KONGRESSE
Mit dem von Maritim geführten Congress Centrum Ulm und dem Neu-Ulmer Edwin-Scharff-Haus stehen in der Doppelstadt zwei moderne Kongresszentren zur Verfügung.

„Wenn vor den Toren eine Hightech-City entsteht, darf die Innenstadt nicht in rückwärtsgewandten Formen oder räumlichen Strukturen erstarren."
Alexander Wetzig, Ulmer Baubürgermeister

STADT ULM AKTIV
DIE STADT WÄCHST MIT DER WISSENSCHAFTSSTADT

Andere Städte schrumpfen – Ulm wächst: Die Stadtentwicklungspolitik ist auf weiteren Zuzug ausgerichtet. Dies soll sicher stellen, dass Ulm weiterhin Wachstumsregion bleibt.

Zeitgleich mit dem Aufbau der Wissenschaftsstadt entstand in unmittelbarer Nähe der „neue Eselsberg". In dem neuen Stadtteil wohnen mittlerweile 6000 Menschen. Er liegt im übrigen auf lokalhistorisch bedeutsamem Terrain. Auf den Südhängen gedieh in früheren Jahrhunderten der legendäre, aber wohl saure Söflinger Wein. In den Zeiten des Bau-Booms in den 1990er Jahren entstanden in Ulm jährlich bis zu 1.000 neue Wohnungen. Die aktuellen Pläne sehen vor, dass Flächen für jährlich 400 Neubauwohnungen bereit stehen.

Die Stadt bleibt damit attraktiv für Auswärtige. Denn solange die Geburtenzahlen nicht steigen, resultiert Wachstum in Zukunft durch Zuzug. Das erfordert attraktive Quartiere. Eine ganze Reihe von ihnen aus jüngerer Zeit besitzen Modellcharakter. Sie setzen eine lokale Tradition wegweisender Projekte im Wohnungsbau fort, die vor über 100 Jahren mit den berühmten Ulmer Arbeitersiedlungen begann.

- Am meisten Aufmerksamkeit zog das „Sonnenfeld" auf sich. Mit seinen über 100 Häusern ist das Quartier Deutschlands größte Passivhaus-Siedlung überhaupt.
- Möglichst geringe Baukosten waren bei der Siedlung Eschwiesen in Wiblingen oberste Priorität. Planung und Baukoordination waren daher zu optimieren.
- Hohe Wohnqualität bei verdichteter Bauweise war das Thema der Siedlung Ochsensteige am „neuen Eselsberg".
- Ebenso einem städtisch-urbanen Leitbild folgt das Siedlungskonzept im Wohnquartier Eichberg.
- Vorbildlich fällt Ulms Konversions-Bilanz aus. Auf zuvor militärisch oder gewerblich und industriell genutzten Flächen gelang es, hochattraktive Wohnquartiere zu entwickeln. In der Weststadt wie in unmittelbarer Innenstadtnähe sind in den vergangenen zwei Jahrzehnten rund 3.400 Wohnungen entstanden.

SONNENFELD-SIEDLUNG
Das am westlichen Eselsberg gelegene Vorzeigeobjekt war eines der dezentralen Projekte der Weltausstellung EXPO 2000. Mit der über 100 Wohneinheiten umfassenden Passivhaus-Siedlung gelang der Nachweis der Alltagstauglichkeit wegweisender Energiekonzepte.

STADT ULM AKTIV
WIRTSCHAFTSFÖRDERUNG, DIE BARRIEREN BEISEITE RÄUMT

Der Bau von Gewerbeimmobilien zählt eigentlich nicht zu den Aufgaben einer Stadt. Manchmal aber ergibt sich einfach die Notwendigkeit dazu, wie das Beispiel des Science Parks zeigt.

Der „Science Park II" erstreckt sich nordwestlich des DaimlerChrysler-Forschungszentrums. Lange hatte sich dafür kein risikobereiter Investor gefunden.

Gebaut, entwickelt und vermarktet hat ihn schließlich die Projektentwicklungsgesellschaft Ulm mbH (kurz PEG). Die PEG, 100-prozentige Tochter der Stadt, berät und unterstützt nicht nur Unternehmen bei der Ansiedlung, sie entwickelt und baut auch selbst gewerblich genutzte Gebäude.

Wer in einen Science-Park zieht, verlangt Flexibilität. Die Mitarbeiterzahlen schwanken oft stark, manches Projekt ist zeitlich befristet. Und wenn sie von Erfolg gekrönt sind, werden mitunter rasch größere Räumlichkeiten erforderlich. Die PEG ist auf diese Bedingungen eingestellt und in der Lage, Raum- und Baukonzepte gemäß den Bedürfnissen der Unternehmen abzustimmen. Diese können sich so ganz auf ihre eigentliche Kernaufgaben konzentrieren und sind von Problemen der Immobilienbeschaffung und -verwaltung entlastet.

Ein weiterer Aktivposten der kommunalen Wirtschaftsförderung ist der grenzüberschreitende Stadtentwicklungsverband Ulm/Neu-Ulm. Mit seiner Etablierung zum 1. Januar 2000 wollten beide Städte die negative Konkurrenz aus der Vergangenheit überwinden, die vorhandenen Flächenpotenziale gemeinsam nutzen und somit zur Sicherung und Schaffung von Arbeitsplätzen beitragen. Kernaufgaben des Verbandes sind:
– die Grundstücksvermittlung und -vergabe,
– die Standort-Entwicklung,
– die Wirtschaftsförderung aus einer Hand,
– die Unterstützung bei Verlagerungen,
– die gemeinsame Bestandspflege
– und das gemeinsame Standortmarketing.

Gleichzeitig mit dem „Verein zur Förderung der Innovationsregion Ulm – Spitze im Süden" wurde das Marketinglabel „Innovationsregion Ulm – Spitze im Süden" etabliert. Durch die Profilbildung gelang es, mehr Aufmerksamkeit auf Ulm zu lenken.

1 | Gute Adresse
2 | Flexible Raumkonzepte
3 | Hochwertige Gebäude

→
80 MILLIONEN EURO INVESTIERT
Allein in den Science Park II wurden zwischen 1998 und 2003 etwa 80 Millionen Euro investiert. Es entstanden etwa 30.000 Quadratmeter hochwertiger Bürofläche.

→
SCIENCE PARK II
Idee beim Science Park II war es, jungen Firmen die Möglichkeit zu geben, in Uninähe kurzfristig Flächen anzumieten – ohne lange und riskante Mietbindungen. Mit Unterstützung der PEG haben sich inzwischen mehr als 50 Firmen mit 1.600 Mitarbeitern dort angesiedelt.

→
AKTIVPOSTEN DER WIRTSCHAFTSFÖRDERUNG
Die Möglichkeit, in einer kurzen Frist passgenaue gewerbliche Räume zu beziehen, ist nach PEG-Angaben ein wesentlicher Standortfaktor. Er habe dazu beigetragen, dass sich Konzerne wie Siemens, Takata und Deutsche Telekom zu einer Ansiedlung in der Ulmer Wissenschaftsstadt entschlossen haben. Die Mietverpflichtungen sind überschaubar, weshalb sich zudem eine Vielzahl kleinerer Firmen, darunter Ausgründungen aus der Universität, im Science Park II niederlassen konnte.

STADT ULM AKTIV
INNOVATIONEN AUF DIE SPRÜNGE HELFEN

„Innovationsoffensive" – unter diesem Schlagwort hat die Stadt Ulm ab dem Jahr 1995 ein Bündel an Initiativen angestoßen, das in eine Vielzahl konkreter, anwendungsorientierter Projekte rund um die Wissenschaftsstadt mündete.

Die Stadt Ulm hat mit ihrer „Innovationsoffensive" den Ausbau der Wissenschaftsstadt beschleunigt und das Umfeld dafür verbessert. Eine Aufgabe bestand darin, lokale Zukunftsfelder herauszufiltern.

- Identifiziert wurde so der Bereich „Umwelt-Energie". Konsequenz daraus war z. B. die Gründung der Solarstiftung Ulm/Neu-Ulm.
- Erkannt wurden die Chancen von modernen Finanzdienstleistungskonzepten. Die Stadt Ulm half mit, das (An-)Institut für Finanz- und Aktuarwissenschaften aus der Taufe zu heben.
- Im Fall des Zukunftsfelds „Medizintechnik" bedeutete das Engagement der Stadt die Mitfinanzierung einer „Machbarkeitsstudie".
- Die Planungshilfe „Box dich durch" war ein weiteres Resultat. Sie soll Existenzgründern den Start erleichtern.
- Die schon früh rasch ansteigende Zahl an Internetanschlüssen war ebenso ein Ergebnis der Innovationsoffensive wie die Verankerung der Region auf der Biotechnologie-Landkarte.

→

DIE VERNETZTE STADT

Stadtnetz und Telebus, Schulweb und PCs in Schulen, kostenloser Internetzugang und erste Internet-Cafes – der Einstieg in das Zeitalter des Internets begann in Ulm/Neu-Ulm mit Paukenschlägen. Diese hallen noch heute nach. Fast zwei Jahre konnten Ulmer wie Neu-Ulmer mit Unterstützung von Bayern online kostenlos ins Internet gehen.

- Als Ende 1998 der Gratis-Zugang geschlossen wurde, hatten über 3.000 Nutzer eine eigene E-Mailadresse, jede zehnte davon nutzten kleinere und mittlere Unternehmen. Über Jahre hinweg lag die Anschlussdichte in der Doppelstadt um gut zehn Prozent über dem Bundesdurchschnitt. Die Deutsche Telekom schloss Ulm/Neu-Ulm früher als vergleichbare Großstädte wie eine Metropole an schnelle Datenautobahnen an.
- Alt und Jung verloren schnell die Angst im Umgang mit der PC-Maus: Die Schulen wurden mit Computern ausgestattet, ein eigenes Schulweb eingerichtet. In der Volkshochschule, der Familienbildungsstätte und im Alten-Treff entstanden erste Internet-Cafes. Über ZAWiW (Universität Ulm) stellten Senioren z.B. internationale Kontakte und Austausch zu Gleichaltrigen her oder initiierten generationenübergreifende Projekte.
- Weit über die Grenzen von Ulm/Neu-Ulm hinaus ist auch zehn Jahre nach seiner Gründung der Telebus. Der Telebus Ulm ist der „**TELE-B**ürger/innen- und **U**niversal-**S**ervice" in Ulm und um Ulm herum. Unter seinem ideellen Dach haben sich knapp 200 Vereine, Kirchengemeinden, Institutionen, Gewerkschaften und Initiativen im Internet selbst organisiert.
- Die Stadt Ulm hat von Anfang an Wert auf ein informatives Bürgerinformationssystem (BIU) gelegt, das ein Wegweiser durch die Verwaltung war: Mit Foren zu wichtigen Themen, durch Umfragen und Abstimmungen hatten Bürger Einfluss aufs Geschehen. Die Stadt Ulm war die erste Großstadt, die bereits 1996 ein ganzheitliches Datenschutzkonzept einführte.

→

DURCHLEUCHTETE REGION

Nicht einmal zehn Jahre dauerte es, bis die Idee eines röntgenfilmlosen Universitätsklinikums Wirklichkeit wurde. Pate stand die Abteilung Diagnostische Radiologie (Leiter Prof. Hans-Jürgen Brambs). Seit 6. Dezember 2005 gehören Röntgenbilder in ihren großen Mappen im Universitätsklinikum Ulm der Vergangenheit an: Intern werden sie mit Hilfe eines Bildarchivierungs- und Kommunikationssystems elektronisch über Netze verschickt. Der Inhalt ganzer Archivierungsschränke passt nun in einen PC. Der Idee lag die Vernetzung zwischen Spezialisten des Universitätsklinikums Ulm und Fachärzten in der Region zugrunde: Tele-Radiologie besteht heute etwa mit dem Krankenhaus in Weißenhorn und Schlaganfallzentren in Heidenheim, Biberach, Ehingen, Günzburg und im RKU. Mit einer Projektstudie zum Digitalen Archivierungszentrum Ulm waren erste Erfahrungen gesammelt worden. Nachdem sich die Stadt Ulm finanziell an der Studie beteiligt hatte, engagierten sich auch Unternehmen der IT- und Medizin-Branche.

STADT ULM AKTIV
VORFAHRT FÜR DIE BILDUNG

Ausgaben für Bildung, Ausbildung und berufliche Weiterbildung genießen bis zum Jahr 2010 Vorrang. Mit den geplanten 75 Millionen Euro aus dem städtischen Haushalt werden die Ulmer Schulen modernisiert und eine Vielzahl innovativer Bildungsprojekte gefördert.

Die im Jahr 2000 gestartete Bildungsoffensive beinhaltet ein Bündel von Maßnahmen, die alle einem gemeinsamen Ziel verpflichtet sind: bessere Unterrichtsbedingungen für Schüler und Lehrer zu schaffen.

Das Programm sieht zusätzliche Arbeitsräume, Kantinen, Aus- und Anbauten in den Schulen vor, die Verbesserung ihrer Ausstattung, aber auch den Ausbau der Ganztagesbetreuung. Mit der Intensivierung der Sprachförderung bereits im Vorschulalter sind auch Kindergärten in das Programm mit einbezogen. Jedes dreijährige Ulmer Kind erhält einen Kindergartenplatz.

Einen hohen Stellenwert nehmen richtungsweisende Bildungsprojekte ein. Davon konnten bislang etwa 40 durch gezielte Förderung neu an den Start gehen.

Auf den Ulmer Bildungsmessen erfahren Jugendliche Unterstützung bei der Berufs-, Schul- oder Studienwahl sowie Anregungen für Weiterbildungsangebote. Ein spezielles Konzept hat die Vermittlung bildungsferner Jugendlicher zum Ziel.

1 | Medienpyramide
2 | Erweiterung des Kepler-/Humboldt-Gymnasiums (hinten)

→

JUNG UND ALT = ZUKUNFT ZUSAMMEN
„JaZz e.V, unter diesem Kürzel firmiert ein außergewöhnlicher Verein. Mehrere Senioren haben sich darin ehrenamtlich zusammengeschlossen. Der Schwerpunkt des Engagements ist darauf gerichtet, die Lebens- und Berufserfahrung der Vereinsmitglieder speziell an Schüler weiterzugeben, die auf dem Weg ins Berufsleben sind. Die Skala reicht von der Unterstützung bei der Berufsorientierung über Hilfen für die Bewerbung bis zum Training sozialer Kompetenz. Auch Nachhilfe bietet der Verein an und sogar, wenn's nötig ist, intensive Einzelbetreuung.

→

BRÜCKENSCHLAG ZUR UNIVERSITÄT
Ziel des „MentNet" ist es, ein Mentoring-(„Betreuungs"-)Netzwerk speziell für Gymnasiastinnen und Gymnasiallehrer an der Universität Ulm aufzubauen. Es soll gelingen, Schülerinnen frühzeitig in Kontakt mit Studentinnen, Doktorandinnen und Wissenschaftlerinnen zu bringen. Dies soll ihnen Wege in die Hochschule erleichtern und ihr Interesse für ein Fachgebiet wecken.

→

FASZINATION BIOTECHNOLOGIE
Die Stadt Ulm hat den Aufbau eines Ulmer Leistungszentrums Biowissenschaften (UL-Bio) gefördert. Es ist am Wiblinger Albert-Einstein-Gymnasium angesiedelt. Schon seit 1994 läuft dort das NUGI-Projekt. Es richtet sich an besonders naturwissenschaftlich begabte Schüler. In Arbeitsgemeinschaften außerhalb des Regelunterrichts werden Schüler wie Lehrer in aktuellen biowissenschaftlichen Forschungsfragen geschult. Begabten Schülern des UL-Bio winken Praktikumsplätze in der regionalen Biotech-Industrie. NUGI hat mittlerweile selbst „Schule" gemacht und wird derzeit an 24 Gymnasien in Baden-Württemberg und Bayern angeboten. Weitere Ulmer Teilnehmer:
- Wirtschaftsgymnasium der Friedrich-List-Schule
- Kepler-/Humboldt-Gymnasium
- Schubart-Gymnasium
- Berufliches Gymnasium der Valckenburgschule

→

PROJEKT NEUROBIOLOGIE AM SCHUBART-GYMNASIUM
An der Universitätsklinik in Ulm können Schüler des Schubart-Gymnasiums die Wirkungsweise von Narkosemitteln erforschen. Im Rahmen eines Praktikums erlangen sie das Wissen, ein einfaches naturwissenschaftliches Projekt zu entwickeln und durchzuführen. Die Nachwuchswissenschaftler erhalten vertiefte Einblicke in die Hirnfunktion, aber auch in die Arbeit in einem zellbiologischen Labor. Ebenso erlernen sie Computerkenntnisse bezüglich Literatursuche, Datenauswertung und Datenpräsentation. Die Experimente werden im elektrophysiologischen Labor der Anästhesiologie des Universitätsklinikums Ulm durchgeführt. Das Team aus Schülern, Lehrern und Wissenschaftlern erhielt für sein Projekt bereits einen Preis der Robert-Bosch-Stiftung.

ULM IM VERGLEICH DER STÄDTE UND REGIONEN IMMER IN DER SPITZENGRUPPE

Wie „gut" ist Ulm? Auf den Ranking-Listen von Instituten und Zeitschriften belegt die Stadt regelmäßig vordere Plätze – und dies seit Jahren.

2005

Städtevergleich: Ulm auf Rang 33 unter 439 Stadt- und Landkreisen
Focus-Landkreistest

Standortanalyse: Platz 25 für Ulm von 439 getesteten deutschen Regionen
Manager-Magazin

2004

„Stille Stars": „Sehr hohe Zukunftschancen"
Ulm belegt Rang 17 von 439 getesteten Städten
„Zukunftsatlas" von Prognos und Handelsblatt

2002

Investieren in Immobilien lohnt
Vordere Plätze in allen Immobilienkategorien für Ulm *Capital*

„Attraktiver Standort" Ulm auf Platz 6 in Deutschland und Platz 31 in Europa
Wirtschaftswoche

1999

„Stadt der Gründer"
Auszeichnung für Ulm durch das Landeswirtschaftsministerium

Rahmenbedingungen für Unternehmensgründungen
Rang 9 für Ulm von 83 von untersuchten Städten *Focus*

1998

„Wohlfühlstadt" Ulm auf Rang 5 von 446 Städten
SWR-Umfrage nach dem Freizeitwert von Städten

Herausragende Baulandpolitik *Rang 1 unter 58 bundesweiten Teilnehmern am Wettbewerb der Landesbausparkasse*

1997

„Kinder- und familienfreundliche Gemeinde" *Rang 22 unter 365 Teilnehmerstädten in einem vom Bundesministerium für Familie, Senioren, Frauen und Jugend ausgelobten Wettbewerb*

„Beste wohnungspolitische Kommunalstrategie unter Baden-Württembergs Großstädten" *Untersuchung des Wirtschaftsministeriums der Grundstücks- und Wohnungsbaupolitik*

1996

Kinderfreundlichste Stadt Deutschlands *Focus testete 84 Städte*

1995

Freizeitwert: Rang 11 von 84 nach ihrem Freizeitwert untersuchten Städten
Focus

Job-Chancen: Rang 31 von 444 untersuchten Städten und Landkreisen
Focus-Test „Chancen auf dem Arbeitsmarkt"

Wohn- und Lebensqualität: Ulm auf Rang 8 von 543 bundesweit untersuchten Städten *Focus*

Bürgerfreundlichkeit der Verwaltung
Rang 4 von 84 untersuchten Städten *Focus*

1992

Ulm als Aufsteiger unter den baden-württembergischen Großstädten
Standortwettbewerb der Europäischen Gemeinschaft

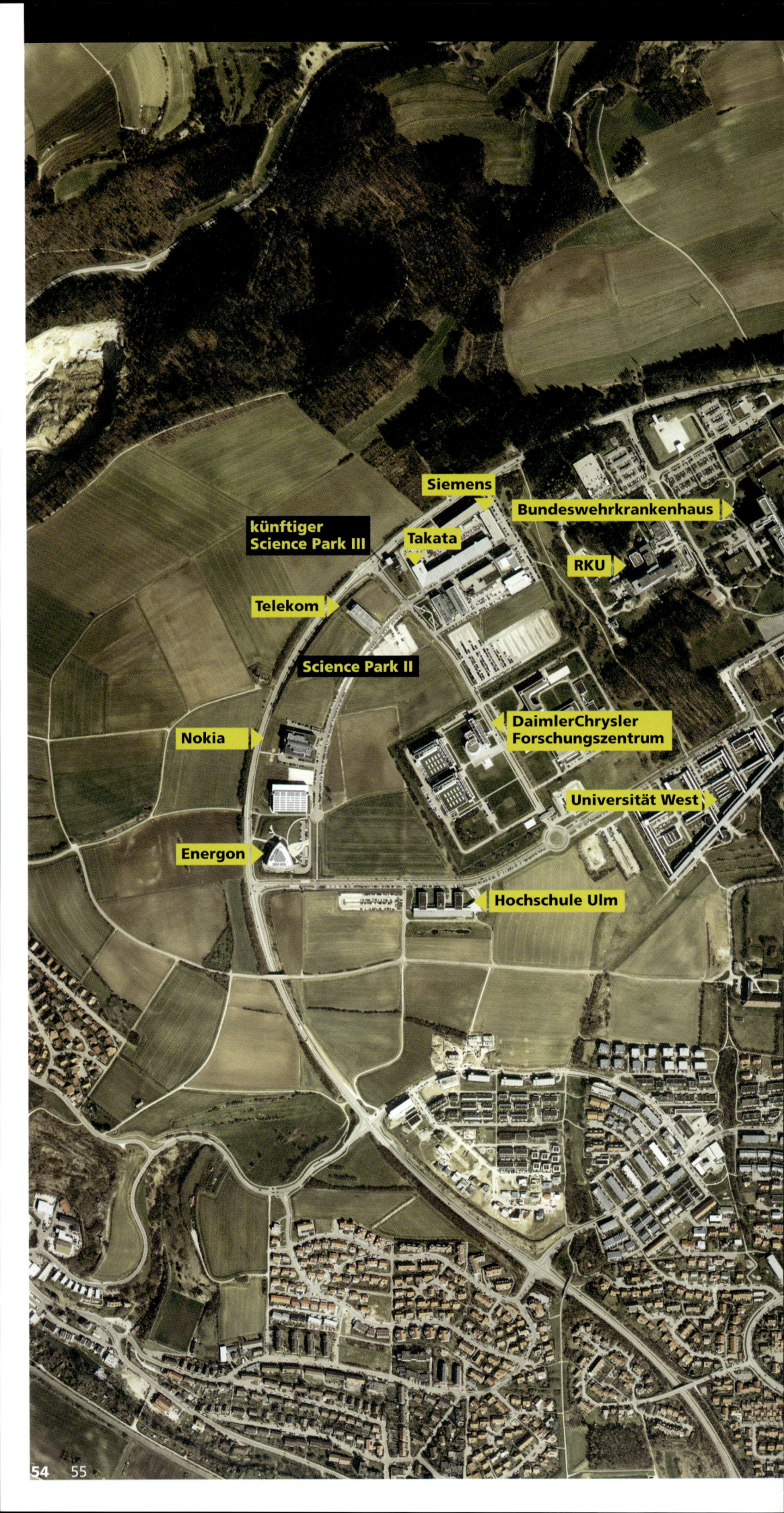

- künftiger Science Park III
- Siemens
- Takata
- Bundeswehrkrankenhaus
- RKU
- Telekom
- Science Park II
- Nokia
- DaimlerChrysler Forschungszentrum
- Universität West
- Energon
- Hochschule Ulm

An-Institute, Blutspendezentrale

Science Park I

Universität

Universitätsklinikum

DIE WISSEN-SCHAFTSSTADT AKTUELL

58 Umwelt, Energie

72 Mobilität

94 Gesundheit

114 Grenzenlos

136 Kommunikation

WOHLSTAND UND LEBENSQUALITÄT SICHERN UND AUSBAUEN – DEN VERBRAUCH AN DEN BEGRENZTEN RESSOURCEN ABER REDUZIEREN UND DIE UMWELT IMMER WENIGER BELASTEN. NOCH VOR WENIGEN JAHRZEHNTEN GALT DIES ALS UNLÖSBARER WIDERSPRUCH. HEUTE IST DIES EIN WESENTLICHER SCHLÜSSEL FÜR WIRTSCHAFTLICHEN ERFOLG. ENTSPRECHEND INTENSIV WERDEN DIE ENTSPRECHENDEN AUFGABEN UND ARBEITSFELDER IN DER ULMER WISSENSCHAFT BEACKERT.

UMWELT/ENERGIE

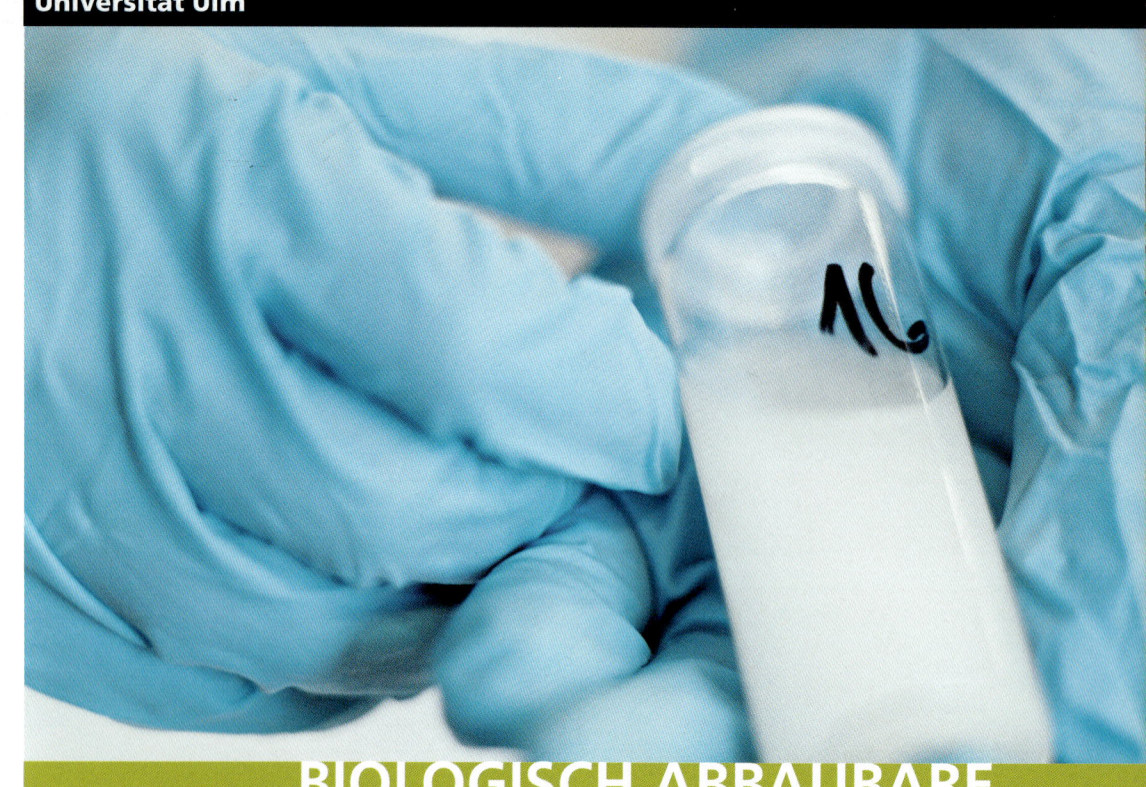

BIOLOGISCH ABBAUBARE KUNSTSTOFFE

Die Abteilung Anorganische Chemie II (Materialien und Katalyse) hat ein Verfahren entwickelt, mit dem biologisch abbaubare Polyester synthetisch hergestellt werden können. Damit könnten langfristig industriell produzierte Kunststoffe zu einem großen Teil ersetzt werden.

Kunststoffe (Polymere) sind aus unserer Gesellschaft nicht mehr wegzudenken. Von Verpackungsmaterialien (Folien, Becher etc.) über Verkleidungen bis hin zu mechanischen Komponenten und tragenden Teilen werden inzwischen weltweit Polymere produziert und eingesetzt. Vielfach dienen sie als Ersatz für klassische Materialien wie Glas und Metall. Denn sie sind sowohl strapazierfähig als auch leicht und gut zu verarbeiten.

Ihr Nachteil: Trotz einiger Fortschritte beim Recycling belastet ein hoher Anteil nach wie vor als Restmüll Deponien oder Müllverbrennungsanlagen.

Schon deswegen wäre ein kompostierbarer Kunststoff für viele Anwendungen überaus interessant, bei Verpackungen für Lebensmittel etwa oder Agrarfolien.

Ein solches biologisch abbaubares Polymer ist Poly-(3-hydroxybutyrat), kurz PHB. Dies ist ein Polyester, der in der Natur als Energiespeicher in einigen Bakterien vorkommt und aus ihnen gewonnen werden kann.

Der auf diesem Weg hergestellte Polyester ist jedoch für kommerzielle Anwendungen weitgehend uninteressant, da das Herstellungs- und Reinigungsverfahren zu teuer ist. Der an der Universität Ulm entwickelte Prozess ermöglicht nun eine Herstellung des PHB auf synthetischem Weg. Gewonnen wird es mittels neuartiger Katalysatoren aus den billigen Bausteinen Propylenoxid (PO) und Kohlenmonoxid (CO).

Durch gezieltes Design der Katalysatoren können die Materialeigenschaften des Polymers gesteuert werden. Die so hergestellten Polyester erlauben eine große Zahl von Anwendungen. Sie könnten in vielen Bereichen technische, auf Erdölbasis hergestellte Kunststoffe ersetzen. So folgt das Projekt der Devise: Die Natur macht's vor, wir machen es besser.

1 | Verrottung von Polymeren
2 | Innovation aus dem Reagenzglas

Steckbrief

Gemeinschaftsprojekt der Abteilung Anorganische Chemie II der Universität Ulm
Albert-Einstein-Allee 11
89069 Ulm

Leiter
Prof. Bernhard Rieger unter Mitarbeit von Tobias Urban, Manuela Zintl und Markus Allmendinger mit der BASF AG und dem BMBF (Bundesministerium für Bildung und Forschung).

DEM STROMPREIS FINANZMATHEMATISCH AUF DER SPUR

Welchen Einfluss hat das Wetter auf den Strompreis? An welchen Wochentagen ist er gewöhnlich besonders günstig, in welcher Jahreszeit besonders teuer? Mit diesen Fragen beschäftigt sich die Abteilung Finanzmathematik der Universität Ulm.

In Zusammenarbeit mit dem Karlsruher Energiekonzern EnBW AG haben sich die Mathematiker die Aufgabe gestellt, die Strompreisentwicklung mathematisch zu beschreiben. Das gelingt mit Hilfe der Wahrscheinlichkeitsrechnung und daraus entwickelter Modelle.

Seit 1998 sind die Strommärkte liberalisiert. Mit Gründung der ersten deutschen Strombörse in Leipzig ist Elektrizität zu einem frei handelbaren Rohstoff geworden.

Neben dem Handel von Strom, der in den nächsten Stunden geliefert wird („Spotmarkt"), hat sich auch ein reger Handel für weit in der Zukunft liegende Stromlieferungen („Futures") ent wickelt. Sogar Optionen werden inzwischen gehandelt.

Wie bei Aktien auch sind damit Preisänderungsrisiken verbunden. Doch wo Risiken sind, entsteht Bedarf nach einem Risiko-Management.

Die Finanzmathematiker haben bei ihren Untersuchungen folgende wichtige Gesetzmäßigkeiten identifiziert, die in Strompreisen zu finden sind:
- Die Preise schwanken regelmäßig je nach Tagessowie Jahreszeit sowie im Wochenrhythmus.
- Bei lediglich kurzfristigen Schwankungen, etwa bedingt durch große Hitze, kehren die Preise zu einem Mittelwert zurück.
- Unvorhergesehene Ereignisse wie Wetterkatastrophen oder ein Kraftwerksausfall führen zu plötzlichen Preisanstiegen von mehreren 100 Prozent.

Viele Forschungsergebnisse dieses Projektes werden bei der EnBW bereits erfolgreich eingesetzt. Außerdem wurden zahlreiche internationale Kontakte geknüpft, die u.a. zu einer jährlichen Tagung zum Thema „Modellierung von Warenmärkten" führten.

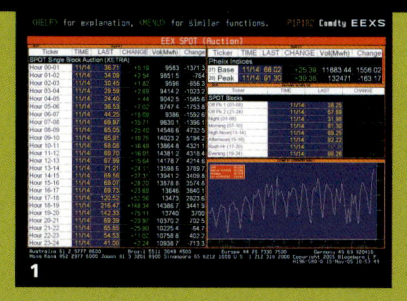

1 | Aus Datenmengen . . .
2 | . . . die richtigen Schlüsse ziehen

Steckbrief

Universität Ulm
Abteilung Finanzmathematik
Helmholtzstraße 18
89069 Ulm

Projektleiter
Prof. Rüdiger Kiesel

Zahl der Mitarbeiter
7

Forschungs- bzw. Tätigkeitsspektrum der Abteilung
Analyse von Kreditrisiken, Kreditrisiken in Portfolios, Modellierung und Bewertung von Asset-Backed Securities, Abhängigkeitsmodellierung, Levy Finanzmärkte, Versicherungsmathematik, Energiederivate

Fachhochschule Ulm

WISSENSTRANSFER FÜR DEN WELTMARKT

Die Firma Phocos ist ein Beispiel einer erfolgreichen Unternehmensgründung, die an der Fachhochschule Ulm (FHU) ihren Ausgangspunkt hatte. Der Erfolg basiert nicht zuletzt auf der hohen Kompetenz der Hochschule in der Solartechnik.

Die überwiegende Anzahl der weltweit aufgebauten „solaren Insel-Systeme" enthält Technologie-Elemente, die ihren Ursprung an der Fachhochschule Ulm (FHU) haben. Zu diesem Schluss kommt Phocos-Vorstand Peter Adelmann. Er ist selbst FHU-Absolvent und Nutzer des Wissenstransfers von der Hochschule in die Wirtschaft.

Als Laboringenieur und Diplomand fanden sie Ende der 80er Jahre zusammen: Peter Adelmann und Anton Zimmermann. In zehn Jahren Arbeit entwickelten sie am Institut für Innovation und Transfer neuartige Solarregler. Diese regeln den Ladezustand der Batterien von netzunabhängigen Insel-Systemen und konnten sich mittlerweile international durchsetzen. Gefertigt und vermarktet werden sie heute durch die in Ulm ansässige Phocos AG.

Peter Adelmann nutzte von Beginn an das Expertenwissen der Hochschule. Um den Ladezustand von Batterien zuverlässig zu ermitteln, erarbeitete er gemeinsam mit dem Labor für Regelungstechnik neue Auswertungsverfahren.

Ein weiteres Ergebnis fachübergreifender Zusammenarbeit mit den FHU-Labors waren solarspezifische Mikrochips, die Batterie und Ladezustand identifizieren. Sie sorgen dafür, dass sich die Batterie sehr schnell, aber auch sehr schonend auflädt. In Kooperation mit dem Labor für optische Technik wiederum wurden energiesparende Gleichstromlampen entwickelt. Sie stellen heute das zweite wirtschaftliche Standbein von Phocos dar.

Die Absatzzahlen der letzten beiden Geschäftsjahre haben Phocos in die Nähe der Weltmarktführerschaft gebracht. An zwölf Standorten weltweit wird produziert und verkauft, vorzugsweise in Ländern, die sich eine flächendeckende Elektrifizierung nicht leisten können. „In weniger als fünf Jahren sind wir auf 100 Mitarbeiter angewachsen" zieht Peter Adelmann stolz Bilanz. Phocos setzt damit auch ein Zeichen für die Innovationskraft der Wissenschaftsstadt Ulm.

1 | Strom den Hütten
2 | Hoffnungsträger
3 | Solarladeregler

→
SOLARLADEREGLER REGELN DEN LADEZUSTAND
Solarladeregler sind zwischen Solargenerator und Akku geschaltet. Sie regeln die Ladezustände der Batterien, um unabhängig von Tageszeit und Sonneneinstrahlung eine maximale Versorgung zu gewährleisten. Außerdem sorgt ihre schonende Arbeitsweise für eine lange Lebensdauer der Batterien

→
WISSENSTRANSFER IST KEINE EINBAHNSTRASSE
Erfolgreicher Transfer befruchtet die Wirtschaft. Bleibt die Bindung zwischen Hochschule und ausgegründetem Unternehmen bestehen, profitiert auch die Hochschule. Phocos beispielsweise bringt seine Erfahrungen und Aktivitäten in die Lehre mit ein. Peter Adelmann, inzwischen Honorarprofessor der Fachhochschule Ulm, hält eine Vorlesung über Solarelektronik und hat eine neue Hochschulpartnerschaft in China angebahnt. Das Unternehmen selbst bietet den Studierenden Praxissemesterplätze im In- und Ausland an.

→
ZWEI MILLIARDEN MENSCHEN OHNE STROMANSCHLUSS
China gehört zu jenen Ländern, in denen weite Gebiet nicht elektrifiziert sind. Gefragt sind daher solare Inselsysteme, die netzunabhängig Strom erzeugen. Dieser Markt wächst jährlich um circa 20 Prozent und ist nicht von Subventionen abhängig – Bedingungen, die auch für Schwellenländer wie Indien, Indonesien und Bolivien gelten. In all diesen Ländern fertigt und vertreibt Phocos Solar-Laderegler. Mit dem Projekt „Sonne in der Schule" fördert Phocos überdies die Installation von Inselsystemen an Bildungsstätten in der Dritten Welt.

Steckbrief

Phocos AG
Bergstraße 2
89171 Illerkirchberg

Gründungsjahr
2001

Mitarbeiter (weltweit)
107

Vorstand
Prof. Peter Adelmann,
Dipl.-Ing. (FH) Anton Zimmermann

Entwicklung, Fertigung und Vertrieb von Solarladereglern, DC-Geräten und Brennstoffzellen

Fachhochschule Ulm

ENERGIESYSTEME INTELLIGENT KOMBINIEREN

Das Energon im Science Park ist das weltgrößte Bürogebäude im Passivhausstandard. Von der Geothermie bis zur Photovoltaik werden hier alle Möglichkeiten moderner Energie- und Gebäudetechnik genutzt. Für die Auswertung und Veröffentlichung der Gebäudeenergie-Daten sorgt das Steinbeis-Transferzentrum (STZ) Energietechnik an der Fachhochschule Ulm.

Das Energon soll Schule machen. So wünscht es sich der Bauherr, dessen Credo lautet: Wer wirklich Energie sparen will, muss im Nutz- und Wohnungsbau ganzheitlich denken.

Diese Überzeugung teilt FH-Professor Peter Obert, der in den 90er Jahren den Schwerpunkt Energietechnik an der FHU aufgebaut hat. Ziel muss es sein, den Passivhausstandard in zeitgemäßer Architektur zu realisieren.

Mit folgenden fünf Grundsätzen lässt es sich erreichen: Dämmen, Dichten, Lüften mit Wärmerückgewinnung, Stromsparkonzept und Deckung des restlichen Energiebedarfs für Heizung, Kühlung und Elektrizität durch nachhaltige Energiesysteme.

Auf den 8.000 Quadratmetern Fläche arbeiten 420 Angestellte im Energon: ohne Klimaanlage, und fast ohne Heizung.

Dem filigranen Tragwerk des Gebäudes aus Stahlbeton ist eine wärmebrückenfreie gedämmte Außenfassade vorgehängt. Es ist damit extrem abgedichtet.

Die Luft für die Büros stammt aus einem unterirdischen Tunnel. Weil dort ganzjährig etwa zehn Grad Celsius herrschen, wirkt sie im Sommer kühlend. Im Winter wird sie erwärmt. Zum einen von der Energie, die aus der Abluft wieder zurück gewonnen wird. Zum andern besitzt das Gebäude Erdwärmesonden. Diese leiten im Sommer überschüssige Wärme in das Erdreich; im Winter wird sie zurückgeführt, um die kalte Zuluft in der Zuluftzentrale vorzuwärmen. In die Dachhaut eingelassene Photovoltaik-Felder tragen zur Stromversorgung bei.

Die Energieeffizienz wird vom STZ Energietechnik laufend überprüft. Den Auftrag dazu hat das Bundesministerium für Wirtschaft und Technologie erteilt. Monatlich erhalten alle Projektpartner die Messberichte zugestellt. Sie haben alle wesentlichen Plandaten bestätigt.

1 | Der Wankelmotor als Form-Vorbild
2 | Hohe Nutzerqualität
3 | Gehören zum Energiekonzept
4 | Das Energon – ein Energiewunder nach Plan

→
WELTMEISTERLICHER ENERGIESPARER
Ungewöhnliche Gebäudeproportionen kennzeichnen das Äußere des weltgrößten Bürogebäudes im Passivhausstandard. Insgesamt senkt das Passivhaus die Betriebskosten um mehr als die Hälfte. In der Herstellung war es nicht teurer als ein herkömmlicher Bürobau.

→
**DONAUHOCHSCHULE ULM:
KNOW HOW FÜR SÜDOSTEUROPA**
Energietechnik und Energiewirtschaft bilden an der FHU einen fachlichen Schwerpunkt. Gemeinsam mit anderen Ulmer Kompetenzträgern hat sie sich zum Ziel gesetzt, auf die Bedürfnisse von Hochschulen in den Donau-Anrainer-Staaten zu reagieren. Plan ist, ein Netzwerk für nachhaltige Energiesysteme aufzubauen. Auf einem Symposium wurden als Felder für gemeinsame Studiengänge und Projekte definiert: die Bereiche Biomasse, Geothermie, Brennstoffzellentechnik, Photovoltaik und Energieeinsparung.

Steckbrief

Energietechnik

Status
Steinbeis-Transferzentrum an der Fachhochschule Ulm

Thema
Rationelle Energieverwendung, Gebäudeklimatik und Einsatz erneuerbarer Energien

Leitung
Prof. Dr.-Ing. Gerhard Mengedoht

Projektverantwortliche
Prof. Dipl.-Ing. Peter Obert,
Dipl.-Ing. (FH) Gunter Lindemann

Projektförderung
Bundesministerium für Wirtschaft und Technologie

Bauherr Energon
Software AG-Stiftung

Zentrum für Sonnenenergie- und Wasserstoff-Forschung

DIE ZUKUNFT LIEGT IN BRENNSTOFFZELLEN

Das Öl wird knapper. Und damit die Zeit, Alternativen zu entwickeln. Das ZSW hat die Tür zur Energiezukunft bereits weit aufgestoßen. Die Brennstoffzellen-Technologie, davon sind die Ulmer Forscher überzeugt, wird die Energieversorgung revolutionieren.

Sie gelten als Schlüssel, mit dem gleich mehrere Probleme geknackt werden können – Brennstoffzellen erzeugen keine schädlichen Emissionen, sind leise und besitzen einen hohen Wirkungsgrad. Durch ihren einfachen Aufbau können die Zellen im stationären, mobilen wie portablen Anwendungsbereich eingesetzt werden. Und sie eignen sich für alle Leistungsbereiche, von Watt (Notebook) über Kilowatt (Hausenergie oder Automobil) bis Megawatt (Kraftwerk).

Am Ulmer „Zentrum für Sonnenenergie- und Wasserstoff-Forschung" sind schon viele Prototypen entstanden, etwa Taschenlampen, ein Motorroller oder eine Hausenergie-Anlage, allesamt mit Brennstoffzellen bestückt. Einen Erfolg feierte das ZSW mit der Entwicklung einer Anlage für Unterwasserfahrzeuge, die dort zur Wassergewinnung sowie für eine Außenluft unabhängige Stromversorgung eingesetzt wird.

In dem An-Institut rechnet man damit, dass Brennstoffzellen-Heizgeräte als erstes die Marktreife erreichen. Dazu muss die Lebensdauer der Zellen noch gesteigert und ihr Preis bedeutend gesenkt werden.

Noch weitaus höhere Anforderungen müssen die Zellen für den automobilen Einsatz erfüllen. Längst ist auch hier die Entwicklung weit vorangeschritten. Erste mit Brennstoffzellen ausgerüstete Linienbusse und sogar Pkw sind auf deutschen Straßen bereits unterwegs.

Der Ulmer ZSW-Vorstand Prof. Werner Tillmetz erwartet den Durchbruch bei Flottenanwendungen, etwa bei Stadtbussen oder im regionalen Lieferverkehr. Wasserstoff stünde für die Markteinführung ausreichend zur Verfügung.

Das ZSW widmet sich darüber hinaus dem Thema „Energiespeicher" und betätigt sich als Batterie-Test-Institut. Nach normierten Kriterien wird z.B. die Belastbarkeit von Antriebsbatterien geprüft und per Zertifikat bestätigt. Für die Speicher gilt es, Laufzyklen, Unfallszenarien und Temperaturschwankungen zu meistern und möglichst umweltverträglich zu sein.

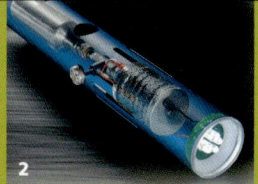

1 | Reaktor zur Herstellung von pulverförmigen Funktionsmaterialien

2 | Erste Anwendungen: Brennstoffzellen-Taschenlampe ...
3 | ... und Brennstoffzellen-Roller

→
DIE BRENNSTOFFZELLE
In diesen Zellen verbinden sich Wasserstoff und Sauerstoff zwischen zwei Elektroden, also unmittelbar, ohne den Umweg über eine Wärme-Kraftmaschine. Durch diesen elektrochemischen Vorgang („kalte Verbrennung") entsteht gleichzeitig Strom und Wärme. Neben reinem Wasserstoff können auch wasserstoffhaltige Gase wie Erdgas, Kohlegas, Klärgas und Biogas (überwiegend Methan), aber auch flüssige Brennstoffe eingesetzt werden. Wählt man diese, so ist allerdings deren Umwandlung in Wasserstoff über einen Katalysator erforderlich. Nach Überzeugung der Wissenschaftler am ZSW werde dennoch langfristig aus Biomasse gewonnener Wasserstoff stark an Bedeutung gewinnen.

→
DAS WEITERBILDUNGSZENTRUM
In gemeinsamer Initiative mit dem Land hat das ZSW in der unmittelbaren Nachbarschaft seines Domizils das Weiterbildungszentrum Brennstoffzelle eingerichtet. Wissenschaftler ebenso wie Ingenieure oder Handwerker werden hier mit der Zukunftstechnologie vertraut gemacht. Die Teilnehmer können an Ort und Stelle die Lehrinhalte an praktischen Systemen ausprobieren.

→
ULMER BRENNSTOFFZELLEN-MANUFAKTUR
Die Brennstoffzelle verfügbar machen, das ist Ziel der 2004 unter dem Dach des ZSW gestarteten Ulmer Brennstoffzellen-Manufaktur UBzM. Eine (noch) kleine Einrichtung, aber mit im wahrsten Sinne des Wortes hochfliegenden Plänen. Ziel ist es, Brennstoffzellen für Spezialmärkte herzustellen. Dazu zählt ein emissionsfreier Stromgenerator, der schon seinen Anwendungseinsatz beim Weltjugendtag 2005 fand. Die Manufaktur, an der die Ulmer Stadtwerke einen 50-Prozent-Anteil halten, stellt im Moment Brennstoffzellen in Kleinserien und für Demonstrationsanlagen her. Sie spielt eine wichtige Rolle in den Überlegungen der SWU. Demnach werde eine dezentrale Stromerzeugung in den kommenden Jahrzehnten eine wachsende Bedeutung erlangen. Und die Brennstoffzellentechnik sei eine Schlüsseltechnologie dazu.

Steckbrief

Zentrum für Sonnenenergie- und Wasserstoff-Forschung Baden-Württemberg ZSW Ulm

An-Institut an der Universität Ulm
Helmholtzstraße 8
89081 Ulm

Gründung
1988

Leiter
Prof. Werner Tillmetz

Mitarbeiter
insgesamt etwa 120, davon zur Zeit 70 in Ulm

Das „Zentrum für Sonnenenergie- und Wasserstoff-Forschung Baden-Württemberg" ist in drei Standorte aufgegliedert: Stuttgart (Forschungsschwerpunkt Photovoltaik), Widderstall (Solarversuchsfeld) und Ulm.

Ulmer Arbeitsfelder
Fragen der Energiespeicherung in Batterien sowie die Brennstoffzelle, speziell in Niedertemperatur-Technik für die Anwendungen Hausenergietechnik, portable Stromerzeugung und in Automobilen.

Langjährige Kooperationen mit Industrieunternehmen, sowohl Anwender wie Hersteller

Solarstiftung Ulm/Neu-Ulm

ANSTIFTEN ZUR SOLAREN MEISTERSCHAFT

Die Ulmer Region belegt heute bundesweit Spitzenplätze, was die Förderung, Nutzung und Erzeugung erneuerbarer Energien betrifft. Einen wichtigen Anteil daran hat die „Solarstiftung Ulm/Neu-Ulm".

Das Engagement der Solarstiftung hat sich gelohnt: Im Juni 2002 erhielt die Stadt Ulm zum ersten Mal die Siegerurkunde der „Solarbundesliga"-Saison deutscher Großstädte. Seitdem ist es ihr kontinuierlich gelungen, die Spitzenposition zu verteidigen.

Mit dieser Auszeichnung wird der Einsatz regenerativer Energien bewertet. Dabei fließen die gesamte solarthermische Kollektorfläche und die photovoltaische Leistung einer Kommune in die Wertung mit ein.

Im Jahr 2005 führte Ulm, punktgleich mit Freiburg, die Solarbundesliga der Städte über 100.000 Einwohner abermals an. Derzeit bestehen in Ulm Solarthermie-Anlagen mit einer Gesamtfläche von rund 7.900 Quadratmetern sowie Photovoltaik-Anlagen mit einer Gesamtleistung von 3.085 kwp. Das bedeutet, dass auf jeden Ulmer Einwohner rund 0,07 Quadratmeter Kollektoren und 26,7 Watt installierte Photovoltaik-Leistung entfallen.

Spektakulärstes Zeichen für diesen kontinuierlichen Erfolg auf dem Gebiet der Solarenergienutzung ist die Photovoltaikanlage am Siloturm der Schapfenmühle. Er ist das höchste Gebäude mit einer Solaranlage in ganz Deutschland.

Nicht weniger wichtig sind die viele privaten Kleinanlagen. Hierzu gab das „PV-Rundum-Sorglos-Paket" der Solarstiftung wesentliche Impulse. Dieser Bereich der privaten Solarthermie- und Photovoltaikanlagen soll zukünftig im Mittelpunkt der Aktivitäten der Solarinitiative Ulm stehen. Vorgesehen ist die Ausweitung der Beratung von der Planung bis zur Abnahme sowie die Förderung von privaten Akzeptanzkampagnen. Damit soll das Engagement der Ulmer Bürgerschaft zur Nutzung der Solarenergie und Energieeinsparung weiter verstärkt werden.

Strategische Vorüberlegungen zielen darauf ab, die Region in Zukunft unabhängiger von den großen Energiekonzernen zu machen. Dazu wird es nötig sein, die Energieversorgung dezentralen, kleineren Einheiten vor Ort zu übertragen.

Tankstelle auf dem Dach

→
„TANKSTELLE" SONNE
Die Erfolge in der „Solar-Bundesliga" basieren vor allem auf der vielseitigen Förderung der Stadt Ulm und letztendlich auch auf den eigenen Anstrengungen. Gefördert wurden Anlagen auf Privathäusern und Vereinsgebäuden, Einzelanlagen oder Gemeinschaftsanlagen. Aber auch auf stadteigenen Gebäuden wurden Solarthermie- und PV-Anlagen installiert, z.B. auf Schwimmbädern und Turnhallen.

Steckbrief

Solarstiftung Ulm/Neu-Ulm
Münchner Straße 2
89073 Ulm

Geschäftsführer
Peter Jäger

Gegründet im Solarjahr 1995/96 durch die Städte Ulm, Neu-Ulm sowie die Stadtwerke Ulm/Neu-Ulm GmbH.

Aufgaben
Unterstützung anwendungsorientierter Projekte und Entwicklungen der Sonnenenergie-Nutzung in allen Bereichen des öffentlichen, wirtschaftlichen und privaten Lebens; Förderung des Umweltschutzes, der Wissenschaft, Forschung, Ausbildung, Erziehung sowie der Kunst auf dem Gebiet erneuerbarer Energien, speziell der Sonnenenergie.

MOBILITÄT

DER ÖLBEDARF IN DER WELT STEIGT UND STEIGT, UND MIT IHM DIE PREISE FÜR DAS „SCHWARZE GOLD". AN VIELEN EINRICHTUNGEN DER ULMER WISSENSCHAFTSSTADT WIRD AN DER MOBILITÄT DER ZUKUNFT GEARBEITET. EINE GRÖSSERE UNABHÄNGIGKEIT VOM ÖL UND EINE HÖHERE SICHERHEIT – SO LAUTEN DIE LEITBEGRIFFE. DAS SCHLIESST NICHT AUS, DASS SOGAR FERNE PLANETEN INS VISIER GENOMMEN WERDEN.

Universität Ulm

NEUARTIGE LASER-SENSOREN ERKUNDEN DEN VERKEHR

Fahrerassistenzsysteme der übernächsten Generation benötigen eine noch präzisere Erfassung der aktuellen Verkehrssituation, als es heute schon möglich ist. An der Realisierung dieser Vision arbeitet die Projektgruppe „Fahrzeugumfelderfassung" der Abteilung Mess-, Regel- und Mikrotechnik der Universität Ulm.

Die Ulmer Wissenschaftler bauen auf neuartige Mess-Systeme auf Laser-Basis. Diese so genannten Laserscanner vermessen die Fahrzeugumgebung 20 mal pro Sekunde bis zu einer Entfernung von etwa 120 Metern.

Mit Hilfe eines nicht sichtbaren Laserstrahls wird in rascher Folge in vier Ebenen jeweils ein Entfernungsmesspunkt gewonnen. Der Lasersensor erfasst hierdurch exakt die Konturen der anderen Verkehrsteilnehmer sowie deren Entfernung zum eigenen Fahrzeug.

Ein detailgetreues Abbild der Fahrzeugumgebung, ein so genanntes Entfernungsprofil, entsteht. Neue mathematische Verfahren erlauben auf Basis dieser Daten eine Identifikation der anderen Verkehrsteilnehmer – Pkw, Radfahrer, Fußgänger oder Lkw?

Durch mehrere zeitlich nacheinander liegende Messungen lassen sich auch die aktuelle Bewegungsrichtung und Geschwindigkeit der anderen Verkehrsteilnehmer ermitteln. Im Fahrzeugrechner entsteht so ein genaues dynamisches Modell der aktuellen Verkehrssituation. Mehr noch: Der Rechner erlaubt sogar einen Blick in die nahe Zukunft. Per Wahrscheinlichkeitsrechnung kann das Kollisionsrisiko des eigenen Fahrzeugs mit anderen Verkehrsteilnehmern abgefragt werden.

Basierend auf diesen Informationen können dann Fahrerassistenzsysteme Entscheidungen des Fahrers stützen, ihn warnen oder sogar selbst in Bremse und Lenkung eingreifen, um Unfälle zu vermeiden.

In einfachen Situationen ist diese Vision schon heute Realität. Komplexe Situationen, insbesondere im innerstädtischen Bereich und auf Kreuzungen, erfordern jedoch noch umfangreiche Forschungsarbeiten.

1 | Auto mit Lasermesssystem
2 | Computer denkt mit

Steckbrief

Universität Ulm
Abteilung Mess-, Regel- und Mikrotechnik
Albert-Einstein-Allee 41
89081 Ulm

Projekt
„Fahrzeugumfelderfassung"

Projektleitung
Prof. Dr.-Ing. Klaus Dietmayer

Zahl der wissenschaftlichen Mitarbeiter
6

Forschungsgebiete
Fahrzeugumfelderfassung, Situationsbewertung, Klassifikationsverfahren, Stochastische Filter- und Trackingverfahren.

Die Forschungsvorhaben werden durch das DaimlerChrysler Forschungszentrum Ulm, IBEO Automobile Systeme GmbH Hamburg, das BMBF sowie das Land Baden-Württemberg gefördert.

FLIEGEN BEFLÜGELN DIE MARSERKUNDUNG

Von der Natur zu lernen ist ein uraltes Prinzip in der Forschung von Biologen und Ingenieuren gleichermaßen. Der Ulmer Wissenschaftler Dr. Fritz-Olaf Lehmann hat eine Roboterfliege konstruiert, die exakt die Flügelbewegungen der Tau- oder Essigfliege imitiert. Sie könnte Vorbild für einen künftigen Marsroboter werden.

Warum ist es so schwierig, eine Fliege mit der Hand zu fangen? Warum entwischt das Insekt meist mit einem virtuosen Flugmanöver? Diese scheinbar einfachen Fragen beschäftigen Biologen seit Jahrzehnten. Dabei sind Fliegen für den Menschen vielfach eher lästige Mitbewohner als interessante Studienobjekte.

Doch ihr Verhalten liefert den Forschern eine faszinierende Fülle von Antworten auf viele essenzielle Fragen:
- Wie beeinflussen Gene das Verhalten?
- Wie funktioniert ein Gehirn?
- Wie nehmen unsere Augen die Umwelt wahr?
- Und nicht zuletzt: Wie halten schlagende Flügel ein Tier in der Luft?

Wie erfolgreich die Natur die zum Fliegen notwendigen Gelenke, Muskeln und Nervenzellen in einen winzigen Insektenkörper gepackt hat, interessiert denn auch Ingenieure.

Eines der größten Geheimnisse beim Insektenflug ist die Frage, wie Insekten ausreichende Flugkräfte mit den schlagenden Flügeln erzeugen, um sich in die Luft zu erheben. Flugzeuge kommen bekanntlich mit starren Flügeln aus, weil sie durch den Schub der Triebwerke angetrieben werden.

Ein fliegendes Insekt indessen hat keinen zusätzlichen Antrieb. Es erzeugt vielmehr die Luftströmung durch die aktive Auf- und Abbewegung seiner Flügel nach einem komplizierten Bewegungsmuster.

Untersuchungen am Insekt selbst sind schwierig. Ein vergrößertes Modell des Flugapparates – eine überdimensionale computergesteuerte „Roboterfliege" in einem Ölbecken – erlaubt dagegen genauere Einblicke in die Aerodynamik des Insektenflugs.

Sie imitiert die Flügelbewegungen der winzigen, nur drei Millimeter großen Tau- oder Essigfliege (Drosophila) bei allen erdenklichen Manövern. Das Experiment erlaubt somit Einblicke, wie das Tier 200 mal in einer Sekunde Luftwirbel erzeugt, um virtuos unserer Hand zu entkommen.

Die US-Weltraumbehörde NASA plant, diese Erkenntnisse für einen kleinen flügelschlagenden Marsroboter zu nutzen, der in einigen Jahren den „roten Planeten" erkunden soll. Schlau und wendig soll er sein wie eine Fliege und außerdem robust, um den Marsstürmen zu widerstehen.

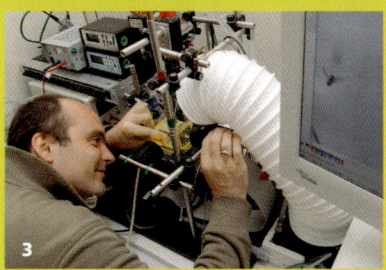

1 | Die Muskeln einer Taufliege
2 | Flügelmodell
3 | Die Spur der Fliege

Steckbrief

Universität Ulm
Abteilung für Neurobiologie
Albert-Einstein-Allee 11
89081 Ulm

BioFuture Nachwuchsgruppe
Leitung
PD Dr. Fritz-Olaf Lehmann

Mitarbeiter
Dr. Simon Pick, Dr. Markus Mronz,
Dipl. Biol. Holger Seiler,
Nicole Heymann

Forschungsgebiete
Muskelphysiologie, Verhaltensgenetik,
senso-motorische Systeme, instationäre
Aerodynamik

HOCHLEISTUNGS-PROPELLER NACH ART DER DELPHIN-FLOSSE

Durch Computer-Optimierungen ist es einem Forscherteam der Universität in Zusammenarbeit mit der Voith Turbo Marine GmbH (Heidenheim) gelungen, den Wirkungsgrad des Voith Schneider Propellers (VSP) deutlich zu verbessern.

Mit VSP-Antrieben werden vor allem Spezialschiffe ausgerüstet, die über eine besondere Manövrierfähigkeit verfügen müssen. Das sind vorrangig Schleppfahrzeuge, Versorgungsschiffe für Bohrplattformen und Doppelendfähren, wie etwa die Bodenseefähren, die zwischen Konstanz und Meersburg verkehren. Der Schub beim VSP ist extrem präzise und schnell und kann stufenlos in allen Richtungen variiert werden. Durch diese hohe Manövrierfähigkeit erreicht das Schiff eine hohe Sicherheit für Mensch und Umwelt.

Die hydrodynamische Berechnung des VSP ist, verglichen mit einer herkömmlichen Schiffsschraube, wesentlich komplexer. Der VSP erzeugt den Schub durch Propellerflügel, die in einem Radkörper montiert sind und um eine gemeinsame Achse rotieren, sowie zusätzlich um ihre Flügelachse oszillieren. Eine analoge Wirkung erzielen in der Natur Delphine mit ihrer Schwanzflosse.

Die numerische Berechnung nur eines Betriebszustandes des VSP nimmt auf modernen Computern viele Stunden in Anspruch. Es ist daher sehr schwierig, neue, bessere Propeller durch Variation der Geometrie und der Flügelbewegung zu finden.

Hier setzt die wissenschaftliche Kooperation der Universität Ulm und Voith an. Die von der Forschergruppe entwickelten Rechenregeln ermöglichen es, Propeller mit höheren Wirkungsgraden zu entwickeln. Durch gezielte und intelligente Veränderung der Propellergeometrie und der Bewegung der Propellerflügel sucht der „Computer" mit möglichst wenigen Versuchen eine Verbesserung. Die Methode der numerischen Optimierung ist hier der Schlüssel zum Erfolg.

Von dieser Lösung profitieren mehrere Seiten: Die Hersteller sparen Zeit und Geld für aufwändige Versuche, die Anwender reduzieren ihre Kosten für Treibstoff und die Umwelt wird durch einen verringerten Schadstoffausstoß entlastet.

1 bis 3 | Die Delphin-Flosse lieferte Anregungen für verbesserte Schiffsschrauben

Steckbrief

Universität Ulm
Abteilung Numerik
Helmholtzstraße 18
89069 Ulm

Prof. Karsten Urban

Forschungsgebiete
Numerische Mathematik und Simulation, Wissenschaftliches Rechnen

Basis des Projekts war die von Prof. Urban betreute Diplomarbeit von Sebastian Singer in Zusammenarbeit mit Dr. Dirk Jürgens und Dipl.-Ing. Michael Palm (Voith Turbo Marine GmbH). Die Diplomarbeit wurde mit dem Südwestmetallpreis 2004 und das Projekt mit dem Kooperationspreis Wissenschaft-Wirtschaft der Universität Ulm 2004 ausgezeichnet.

Fachhochschule Ulm

SCHNELLE HILFE FÜR EURORAKETE ARIANE

Durch ein neues, an der Fachhochschule Ulm mitentwickeltes Verfahren lassen sich Raketentriebwerke der Europa-Rakete Ariane 5 schneller und kostengünstiger produzieren. Es ist gelungen, die Herstellung der Kühlkanäle der Brennkammern zu vereinfachen.

Über drei Jahre lang erprobte das Steinbeis-Transferzentrum Produktionstechnik und Werkzeugmaschinen (TzPW) in einem Verbundprojekt der EADS das neue Verfahren der Hochleistungszerspanung. Die europäische Trägerrakete ist damit wesentlich schneller einsatzbereit als vorher.

Die Brennkammern eines Ariane-Triebwerkes sind mit Kühlkanälen zweierlei Typs ausgestattet. Gerade filigrane Kanäle in der Außenhaut der Brennkammer werden durch Scheibenfräsen herausgearbeitet, gekrümmte Segmente dagegen durch Schaftfräsen.

Schneller fräsen bedeutet, die Arbeitsgeschwindigkeit der Werkzeuge zu erhöhen – möglich dank Hochleistungszerspanung. Vor dem Serien-Einsatz klärten die TzPW-Experten das Verhalten verschiedener Legierungen sowie der Spindel und der Werkzeuge unter extremen Drehzahlen.

Die Testergebnisse fielen positiv aus. Ohne Qualitätsverlust konnte die Drehzahl der Werkzeuge von 1.200 pro Minute auf 12.000 pro Minute gesteigert werden. Dadurch ließ sich die Fräszeit auf ein Zehntel vermindern. Die gesamte Bearbeitungszeit sank um 60 Prozent, die Kosten reduzierten sich auf die Hälfte.

Die Bewährungsprobe kam, als im Oktober 2002 die Ariane 5 bei einem Fehlstart zerstört wurde. Um das Weltraum-Programm fortzuführen, waren schnellstens neue Triebwerke erforderlich. Und es gelang! Noch nie zuvor waren derart komplexe Bauteile in so kurzer Zeit und in weltraumtauglicher Qualität gefertigt worden.

1 | Ariane-Triebwerk
2 | Rakete beim Start
3 | Kühlkanäle des Ariane-Triebwerks

→
HOCHPRÄZISE KÜHLKANÄLE
Die Brennkammern eines Ariane-Triebwerkes sind mit Kühlkanälen zweierlei Typs ausgestattet, die durch Fräsen gefertigt werden. Sie bestehen aus einer Kupfer-Silber-Zirkonium-Legierung. Je nach Brennkammertyp sind sie filigran und gerade oder schaftartig und gekrümmt geformt. Sie sind bis zu 12 mm tief, aber teilweise 0,7 mm schmal.

→
VIER MILLIONEN PS
Extrem hohe Qualitätsstandards erschweren das Einführen neuer Technologien. Die technischen Daten für die Brennkammer des Hauptstufentriebwerks der Ariane 5 machen es verständlich. Sie muss bei der Verbrennung von flüssigem Sauerstoff und Wasserstoff einem Druck von 115 bar und einer Temperatur von fast 3.300° Celsius standhalten. Der Schub, den das Triebwerk erzeugt, entspricht vier Millionen PS. Der Treibstoffdurchsatz pro Sekunde beläuft sich auf 300 Kilogramm.

Steckbrief

Produktionstechnik und Werkzeugmaschinen (TzPW)

Status
Steinbeis-Transferzentrum an der Fachhochschule Ulm

Thema
Eigenschaften und Optimierung metallverarbeitender Produktionssysteme – vom Bauteil über die Bearbeitungstechnik bis zur Werkzeugmaschine.

Leitung
Prof. Dr.-Ing. Michael Kaufeld

Partner
EADS Space Transportation, Ottobrunn, Teil des Raumfahrtbereichs der EADS.

Produkte
Die bekanntesten sind die Internationale Raumstation (ISS) und die Trägerraketen der Ariane-Familie. Das Unternehmen entwickelt und fertigt den Großteil der Antriebskomponenten.

DaimlerChrysler-Forschungszentrum

HARMLOSES WASSER STATT GIFTIGER ABGASE

Die Technik von morgen ist schon immer ein zentrales Thema im Ulmer DaimlerChrysler-Forschungszentrum. Hier wie in der Außenstelle in Nabern tüfteln die Techniker unter anderem an alternativen Antrieben. Im Mittelpunkt steht die Brennstoffzellen-Technologie.

Zaghafter Tritt aufs Gaspedal. Fast lautlos schiebt ein Elektromotor den Wagen voran. Die nötige Energie liefert unterwegs das bordeigene Kraftwerk. Was es benötigt: Wasserstoff aus dem Tank und Sauerstoff aus der Luft.

In einem kleinen Kasten, dem Brennstoffzellensystem unterm Wagenboden, werden Wasserstoff und Luftsauerstoff zusammengeführt. Dabei findet eine chemische Reaktion statt, die Strom liefert. Schadstoffe? Keine! Und aus dem Auspuff dampft – Wasser.

Diese wegweisende Technologie steckt im „F 600 HYGENIUS", dem neuesten Forschungsfahrzeug von DaimlerChrysler. Die Technik dazu, ausgetüftelt im Konzernforschungszentrum Ulm/Nabern, bedeutet einen großen Fortschritt. Gegenüber allen bisherigen Fahrzeugen mit Brennstoffzellenantrieb wartet der F 600 HYGENIUS mit zwei zukunftsweisenden Pluspunkten auf: Die Reichweite beträgt nun dank verbesserter Speicherkapazität der Tanks annähernd 400 Kilometer. Und er lässt sich auch bei arktischen Temperaturen von 25 Grad unter Null zuverlässig starten.

Für Thomas Weber, der die DaimlerChrysler-Forschung leitet, besteht denn auch kein Zweifel: „Die Brennstoffzelle ist die Schlüsseltechnologie für das emissionsfreie Fahren der Zukunft." Ein weiterer Vorteil: Dank Elektroantrieb kann der F-600-Motor bereits vom Start weg die volle Power entfalten.

Darüber hinaus zeichnet sich der F 600 durch eine ganze Reihe von besonders anwender- und familienfreundlichen Lösungen aus: Seine Brennstoffzelle liefert nicht nur sauberen Strom für den Antrieb, sondern kann bei Bedarf auch als mobile Stromquelle genutzt werden. Weitere Vorzüge sind innovative Sicherheitssysteme und ein besonders geräumiger und äußerst variabler Innenraum.

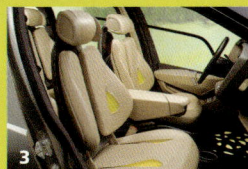

1 | Auf dem Prüfstand
2 | Auch neu – die Scheinwerfer
3 | Großzügiger Innenraum
4 | Ein Exot auf den Straßen – noch

→
UNBEGRENZTE SPRITVORRÄTE
Anders als fossile Energieträger wie z.B. Erdöl steht der „Sprit" für Brennstoffzellen – Wasserstoff (H2) und Sauerstoff (O2) – auf der Erde in fast unbegrenzten Mengen zur Verfügung. Der leicht flüchtige Wasserstoff muss allerdings durch Elektrolyse von Wasser oder Reformierung von Erdgas erst noch gewonnen werden. In der Brennstoffzelle erzeugen diese beiden Gase durch eine kontrollierte elektrochemische Reaktion Energie in Form von Elektrizität und Wärme unter Abgabe von Wasser. Wissenschaftler rechnen inzwischen, dass der breite Durchbruch über den Zwischenschritt von Hybridfahrzeugen gelingen kann. Diese bieten eine Kombination aus herkömmlichen Verbrennungsmotoren und Elektromotoren. Deren Batterien werden auf Gefällstrecken oder beim Bremsen aufgeladen.

Steckbrief

DaimlerChrysler-Forschungszentrum Ulm
Wilhelm-Runge-Straße 11
89191 Ulm

Leiter
Dr. Siegfried Döttinger

Mitarbeiter
rund 900, davon etwa die Hälfte Doktoranden und Diplomanden

Forschungsgebiete
Brennstoffzellen-Systemtechnik, Elektrochemische Energiewandler, Elektrische Antriebs- und Speichersysteme, Lichttechnologien, Passive Sicherheit und Strukturanalyse, **Oberflächentechnik** Aufbau und Antrieb, Rapidtechnologien und Produktionsmanagement, Produktionsverfahren und **Strukturwerkstoffe, Umgebungserfassung und -interpretation, Dialogsysteme,** Virtuelle Produkt- und Produktionsmodellierung, Daten und Prozessmanagement, Digital Engineering Competence Center, Software-Architekturen für eingebettete Systeme, Software Prozessgestaltung

DaimlerChrysler-Forschungszentrum

WARUM AUTOBAUER MIT BANANENBAUERN KOOPERIEREN

Ausgerechnet Bananen sind ein Forschungsfeld im Ulmer DaimlerChrysler-Forschungszentrum. Ein Zufall ist das nicht. Denn die Abaca-Banane bildet so extrem zugfeste Naturfasern aus, dass sich diese als Werkstoff im Automobilbau eignen.

Alles Banane? Alles nicht, aber die Ersatzradmuldenabdeckung im Mercedes-Benz A-Klasse Coupé ist aus Fasern dieser tropischen Staude hergestellt. Die Automobilkonstrukteure führen eine Vielzahl von Vorteilen an.

Durch die Verwendung von Naturfasern lassen sich Kosten und Gewicht reduzieren, die Fasern selbst sind ressourcenschonend und nachwachsend. Bezogen auf die Herstellung, die Nutzung und die Wiederverwertung ist die Öko-Bilanz der Abaca-Faser hervorragend. Die bei der Herstellung der Faser entstehenden Reststoffe sind als organischer Dünger verwendbar.

Vorher wurde die Ersatzradmuldenabdeckung der A-Klasse aus Glasfasern hergestellt. Nun konnte dieser nur mit hohem Energieaufwand zu produzierende Werkstoff fast vollständig ersetzt werden. Unterm Strich steht eine Energieeinsparung von bis zu 60 Prozent und somit gleichzeitig eine Verringerung der CO_2-Emissionen während der Herstellphase.

Um für den automobilen Einsatz tauglich zu werden, musste ein neues technisches Verfahren entwickelt werden. Die Abaca-Fasern werden einer so genannten Compoundier-Einheit zugeführt und dort bei 180°C in eine Polypropylen-Matrix eingebettet. Die dabei entstehende Faser-Kunststoffmatte ist formfähig, wird in eine Presse eingelegt und dort zum Bauteil verpresst. Dieser Schritt ist durch den Einsatz der Naturfasern sehr anspruchsvoll, da die Masse zähflüssiger ist und gut in der Form verteilt werden muss.

1 | Faser-Verarbeitung
2 | „Faser-Plantage"
3 | Biomaterialien für Automobile
4 | Formstück aus Fasern

→
UNTERSTÜTZUNG FÜR DEN REGENWALD
DaimlerChrysler setzt die Naturfasern nicht nur in der Produktion ein, sondern fördert auch deren nachhaltigen Anbau im „Globalen Nachhaltigkeitsverbund". Dies geschieht in einem Public-Private-Partnership-(PPP)-Projekt gemeinsam mit der Universität Hohenheim und der Deutschen Investitions- und Entwicklungsgesellschaft (DEG). Sein Betätigungsfeld ist die Wiederaufforstung des tropischen Regenwalds auf den Philippinen im Stockwerkbau. In dem Artengemisch wird nach natürlichem Vorbild auch die Abaca-Bananenstaude angebaut. Die Weiterverarbeitung der Abaca-Pflanze schafft Arbeitsplätze für die einheimischen Bauern.

→
DEN SEILERN ABGESCHAUT
Die Abacafasern sind 1,5 bis 2,7 Meter lang, sehr zugfest, verrottungsbeständig und werden traditionell zur Seilherstellung verwendet. Die Abaca-Bananenstaude wird auf den Philippinen angebaut. Ihre Blätter werden von einem Schein-Stamm mit extrem langen, faserverstärkten und ineinander eingerollten Blattstielen gehalten. Das „Abaca"-Projekt zeigt, dass ein Hightech-Unternehmen auch vom Wissen von Menschen lernen kann, die noch mit der Landwirtschaft leben.

DaimlerChrysler-Forschungszentrum

DER ASSISTENT DES FAHRERS MIT GESPÜR FÜR GEFAHR

Höchste Sicherheit im Straßenverkehr wird erreicht, wenn Gefahrensituationen erst gar nicht entstehen. Aus diesem Grund arbeiten Mitarbeiter des Ulmer DaimlerChrysler-Forschungszentrums an Assistenzsystemen, die das gesamte Verkehrsgeschehen im Blick haben.

Die Autofahrer erhalten einen Freund und Helfer der anderen Art, dessen Herzstück ein Hochleistungsrechner ist. Aufgabe dieses Assistenzsystems ist es, während der Fahrt kritische Situationen zu erkennen.

Fast die Hälfte aller Unfälle an ampelgeregelten Kreuzungen gehen auf das Konto „überfahrenes Rotlicht" oder „missachtete Vorfahrt". An schildergeregelten Kreuzungen ist die Missachtung der Vorfahrtsregel sogar für 95 Prozent der Unfälle verantwortlich. Schlussfolgerung daraus: Viele Unfälle lassen sich vermeiden, wenn Geschwindigkeitsbegrenzungen, Stoppschilder und rote Ampeln nicht mehr übersehen werden.

Bilderkennungsverfahren aus der Ulmer Daimler Chrysler-Forschung versprechen Abhilfe: Eine im Fahrzeug montierte Videokamera liefert Bilder der aktuellen Verkehrssituation, ein angeschlossener Hochleistungsrechner untersucht das abgebildete Verkehrsgeschehen nach bekannten Mustern. Als Muster sind solche Objekte klassifiziert, auf die es in der jeweiligen Situation ankommt – beispielsweise ein Stoppschild. So erkennt das System anhand der achteckigen Form und des gelernten Schriftzuges, dass es sich um ein Stoppschild handelt. Es warnt den Fahrer rechtzeitig optisch und akustisch. Zur Erkennung roter Ampeln werden Aufnahmen einer Farbbildkamera mit einer speziellen Rechenformel ausgewertet.

Das System hat „gelernt", eine rote Ampel von ähnlichen Bildinhalten zu unterscheiden, beispielsweise von Bremslichtern vorausfahrender Fahrzeuge. Auch hier wird der Fahrer rechtzeitig durch optische und akustische Signale auf die Situation aufmerksam gemacht. Entsprechend schneller kann er reagieren

Des Fahrers drittes Auge

→
MEHR AUGEN FÜR DIE FAHRER
Das Fahren mit den Sicherheitssystemen der Zukunft wird zunehmend so aussehen, als hätten die Fahrer ein zweites Paar Augen. Forscher bei DaimlerChrysler lehren Computer das „Sehen" und das Identifizieren von Objekten wie Straßenverkehrsschildern bei unterschiedlichsten Bedingungen. Dem Computer werden zum Beispiel Bilder des Vorfahrtsschilds in bis zu 100.000 Variationen eingespeist. Intelligente Software filtert die für das Schild typischen Merkmale und Zusammenhänge heraus. So kann er etwa ein Vorfahrtsschild bei Regen, nachts oder bei schlechter Witterung erkennen.

DaimlerChrysler-Forschungszentrum

WENN AUTOS KOMMUNIZIEREN, GIBT ES WENIGER STAUS

Die Automobile der Zukunft werden miteinander kommunizieren. Die Entwickler der so genannten „Car-to-Car-Communication" im Ulmer DaimlerChrysler-Forschungszentrum erwarten sich dadurch zum Beispiel die Vermeidung von Staus.

Gut, dass sie miteinander gesprochen haben. Was diese „intelligenten Autos" austauschen, sind wertvolle Hinweise für ihre Fahrer. Schon in naher Zukunft werden diese rechtzeitig über Verkehrshindernisse wie Baustellen oder liegen gebliebene Fahrzeuge und weitere kritische Verkehrssituationen informiert werden können: „Vorsicht, Stauende in einer Kurve", oder „Achtung, vorausfahrende Fahrzeuge bremsen stark ab."

Für DaimlerChrysler ist dies ein wesentlicher Meilenstein zu einem kooperativen Miteinander im Straßenverkehr: Teilen Fahrzeuge die Fülle gewonnener Informationen mit den anderen Verkehrsteilnehmern, wird vorausschauendes Fahren gefördert und der Straßenverkehr noch sicherer.

Die Forschungsprojekte zur Fahrzeug-Fahrzeug-Kommunikation ziehen selbst witterungsbedingte Gefahren wie Nebel oder vereiste Straßen und Aquaplaning in Betracht. Werden die Fahrer über die aktuelle Verkehrslage unverzüglich informiert, können sie ihre Geschwindigkeit vorausschauend an die aktuellen Gegebenheiten anpassen.

Weiterer Vorteil: Größere Verkehrsstörungen können so erst gar nicht entstehen. Jedes Fahrzeug übernimmt je nach Situation die Rolle des Senders, Empfängers oder Vermittlers (Routers). So können in diesem so genannten Multi-Hopping-Verfahren über mehrere Fahrzeuge hinweg auch hohe Reichweiten erzielt werden – obwohl die Senderreichweite des einzelnen Fahrzeugs auf rund 1.000 Meter begrenzt ist.

Ziel ist die weltweite Standardisierung der Fahrzeug-Fahrzeug-Kommunikation. Schließlich ist es entscheidend, dass diese Technologie herstellerübergreifend eingesetzt wird. DaimlerChrysler engagiert sich dabei mit andern Autoherstellern in verschiedenen Förderprojekten in Europa und den USA.

→
NETZE, DIE ADHOC ENTSTEHEN
Den Datenaustausch zwischen den Autos bewerkstelligen so genannte Adhoc-Netze. Diese Kurzstreckenverbindungen basieren auf der Technologie des Wireless LAN; sie bauen sich bei Bedarf spontan auf, organisieren sich selbst und benötigen keine externe Infrastruktur. Das Fahrzeug gibt mit Hilfe von Wireless LAN Informationen über seine jeweilige Position, Geschwindigkeit, Spur und Fahrtrichtung an die nachfolgenden Verkehrsteilnehmer weiter. An Bord der Empfänger sammelt ein Computer diese Einzeldaten und errechnet daraus die Verkehrslage auf dem gesamten Streckenabschnitt.

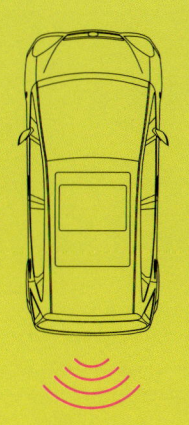

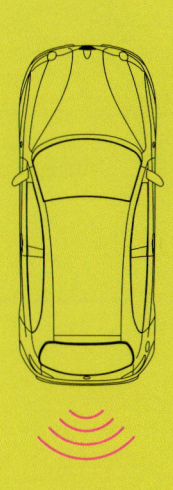

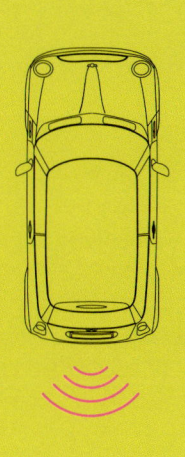

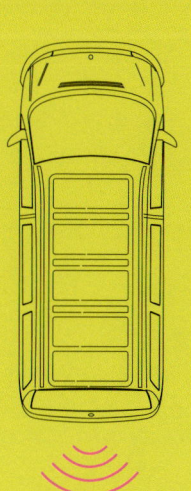

Takata-Petri

SCHUTZ BEI EINEM UNFALL – WARNUNG VOR UNFALLGEFAHR

Die Vision von Takata-Petri lässt sich auf eine kurze Formel bringen: Unfall – Fahrzeug beschädigt – Insassen unverletzt. In der Ulmer Wissenschaftsstadt ist der international agierende Konzern, Spezialist für Sicherheitssysteme für den Insassenschutz im Auto, mit einem expandierenden Entwicklungszentrum präsent.

Schon 1960 stellte Takata in Japan den ersten Sicherheitsgurt her. Er war das Ergebnis intensiver Forschungstätigkeit. Mittlerweile gibt es ihn in unterschiedlichen Varianten: als Becken- oder Schultergurt, mit oder ohne Vorspannsystem, jeweils für Fahrer, Beifahrer und die Insassen auf dem Rücksitz. Eines ist ihnen allen gemeinsam: Sie müssen größtmögliche Sicherheit bieten, aber auch so einfach wie möglich zu bedienen sein.

Erster Erfolg des Ulmer Zentrums schon 1992 war die Entwicklung des ersten Aufrollers mit der Basisfunktion des Gurtbandwicklers. Über die Jahre kamen modular zum Basisaggregat pyrotechnische Straffer und Kraftbegrenzer hinzu. Mit diesen Funktionen wird der Insasse in nur fünf Millisekunden, dem Bruchteil eines Augenzwinkerns, in die zu seinem Schutz optimale Position gebracht und kontrolliert und schonend in den Airbag hinein bewegt.

Die bislang jüngste Generation der Aufroller wurde 2005 auf den Markt gebracht. Diese Roller sind elektronisch angetrieben und mit einer pyrotechnischen wie elektrischen Straffung sowie vielen Komfort-Modi und Fahrerfeedback ausgestattet.

Dazu zählen die Warnfunktion in kritischen Fahrsituationen bis hin zur Straffung des Gurtbandes und Positionierung des Insassen noch vor einem möglichen Unfall. Sollte es tatsächlich zum Unfall kommen, erkennt das System: die Unfallschwere, die Situation des Insassen sowie die Energie, welche im Zeitfenster des Unfalls (100 Millisekunden) abgebaut werden muss.

Über alle Generationen und Entwicklungsstufen hinweg beliefert Takata weltweit die Automobilindustrie. Der Konzern ist mit diesen Produkten der Marktführer in Asien. Produkte in verschiedensten Ausführungen des Automobilzulieferers finden sich in zahlreichen europäischen Fahrzeugen.

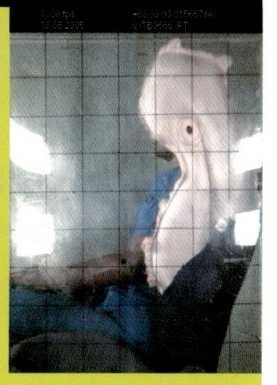

Dummy im Teststand

→
DIE GESCHICHTE DES TAKATA AIRBAGS
In Ulm entwickelt Takata zudem Airbagmodule für den Seitenaufprall. Sie bieten Schutz gegen Kopf-, Nacken-, Brustkorb- und Beckenverletzungen und können im Dachhimmel, in den Türen oder in den Sitzen vorn und hinten eingebaut werden. In Zusammenarbeit mit großen Autoherstellern wie Audi, VW, BMW und DaimlerChrysler wurden seit 1995 immer erfolgreichere Seitenschutzsysteme kreiert. Entwickler des Ulmer Takata-Zentrums hatten mit ihrer Airbag-Technologie die Nase vorne, als es galt, die strengen US-Forderungen zu erfüllen und den amerikanischen Markt zu beliefern.

→
SCHLITTENANLAGE IM HAUS
Um all diese Innovationen zielgerichtet entwickeln zu können und die Ergebnisse zu sehen, testen die Entwickler von Takata die Sicherheitsgurtfunktionen auf einer hauseigenen Schlittenanlage. Hierzu werden Dummies verwendet. Diese sitzen auf einem Teil der Autokarosserie oder einem so genannten „Schlitten" und werden dann mit definierten Geschwindigkeiten und Aufprallwinkeln gegen einen Pfeiler oder eine Barriere gefahren. Diese Tests werden gefilmt. Die Auswertung der Ergebnisse bestimmt die Richtung der Weiterentwicklung.

→
AIRBAGS MIT BESONDERER INTELLIGENZ
Airbags schützen Leben und mindern Verletzungen. Doch bestimmte Risiken verlangen nach noch besseren Schutzsystemen. Der nächste Schritt wird sein, die Airbagtechnologie zu verfeinern. Im Mittelpunkt der derzeitigen Entwicklungsanstrengungen von Takata in Ulm stehen vorausschauende Sensoriken und intelligentere Airbags. Die Airbag-Auslöseelektronik wird dabei mit den Sensoren von Abstandswarnsystemen zu einem komplexen Sicherheitsmanagement-System zusammen gefasst.

Steckbrief

Takata-Petri GmbH
Forschungs- und Entwicklungszentrum Ulm

Lise-Meitner-Straße 3
89081 Ulm
Science Park II

Leiter
Richard Frank

Gründungsjahr
1992

Mitarbeiter
233

Meilensteine
1994 Auftrag von BMW für die Fahrer- und Beifahrerairbagentwicklung;
1995 Auftrag Audi für Seitenairbags,
1996 schließlich für Sicherheitsgurte.
1998 Umzug in den Science Park II
Nach Fusion der Takata Gruppe mit Petri (Hersteller für Lenkräder und Plastikteile) wurde Ulm Konzernsitz des europäischen Entwicklungszentrums für Seitenschutz und Sicherheitsgurte.

Fachhochschule Ulm

VORHERSAGE VON LEBENS- DAUER, FAHRLEISTUNG UND KRAFTSTOFFVERBRAUCH

Ein Transferzentrum an der Fachhochschule Ulm jagt Fahrzeuge über den Nürburgring, über Wochen, aber allein virtuell. Mit den Daten lässt sich etwa der Spritverbrauch oder die Lebensdauer real existenter Fahrzeuge vorhersagen.

So gut wie alle bedeutenden Automobilhersteller sind Kunde des Transferzentrums „Neue Technologien in der Verkehrstechnik", das an der Fachhochschule Ulm verankert ist.

Noch während die Fahrzeuge entwickelt werden, berechnen die Ulmer Wissenschaftler schon deren Alltagstauglichkeit. Wie lange halten Kupplungen, Getriebe, Torsionsdämpfer, Achsaufhängungen oder Radnaben? Ermitteln ließe sich dieses in Praxistests. Doch diese sind langwierig und teuer.

Einfacher ist es, „winLIFE" zu befragen, ein an der Ulmer FH entwickeltes Programm, das bereits breite Anwendungen findet. Flugzeugbauer können damit erfahren, ob es wirtschaftlicher ist, wenn ein Flugzeug mit einem Schlepper rangiert wird. Schiffbauer wissen, wie lange eine Konstruktion der Belastung durch die Wellen stand hält. Ebenso lässt sich die Lebensdauer von Windrädern prognostizieren.

Das Programm spart nicht nur Kosten für Tests. Es lässt Rückschlüsse zu auf eine effizientere Struktur der Bauteile und ein optimiertes Gewicht, was oftmals ebenfalls eine Kostenersparnis einbringt. Neben technischen Aspekten spielt auch die Frage der Produkthaftung eine wichtige Rolle.

Fahrzeug mit mobilem Datenerfassungssystem

→
ADAM UND EVA
Das Transferzentrum verfügt über eine ganze „Programm-Familie" zur Simulation von Verschleiß- und Alterungsprozessen bei dynamisch belasteten Bauteilen. „winEVA" simuliert die Vorgänge im Antriebsstrang, so dass Kraftstoffverbrauch, Lebensdauer und Emissionen vorhergesagt werden können. „winADAM" ist ein mobiles Datenerfassungssystem, das die Fahrstrecke und wichtige fahrdynamische Größen erfasst. Die Installation in ein Fahrzeug ist einfach und innerhalb von 30 Sekunden möglich. Als Simulationsstrecke dient beispielsweise der Nürburgring, der dazu exakt vermessen wurde. Doch selbst diese Kosten lassen sich verringern. Eine Simulationsstrecke lässt sich mittlerweile auch virtuell entwickeln.

Steckbrief

Steinbeis-Transferzentrum
„Neue Technologien in der Verkehrstechnik"
an der Fachhochschule Ulm
Prittwitzstraße 10
89075 Ulm/Donau

Leiter
Prof. Dr.-Ing. Günter Willmerding

Zahl der Mitarbeiter
8

Arbeitsgebiete
Antriebstrangsimulation, Lebensdauervorhersage, Strukturanalyse

GESUNDHEIT

SEIT ÜBER 150 JAHREN STEIGT DIE LEBENSERWARTUNG SEHR GENAU UM DREI MONATE – PRO JAHR. DER MEDIZINISCHE FORTSCHRITT HAT VIEL DAZU BEIGETRAGEN – UND STEHT ANGESICHTS EINER ALTERNDEN GESELLSCHAFT GLEICHZEITIG VOR NEUEN HERAUSFORDERUNGEN. UNIVERSITÄT, UNIVERSITÄTSKLINIK, FORSCHENDE UNTERNEHMEN WIE IN DER ENTWICKLUNG TÄTIGE EINRICHTUNGEN, VIELFACH MITEINANDER VERNETZT, STELLEN SICH DEN MANNIGFACHEN AUFGABEN. VON ULM AUS HABEN SCHON VIELE BAHNBRECHENDE FORSCHUNGEN DEN WEG IN DIE MEDIZINISCHE PRAXIS GEFUNDEN.

Universität Ulm

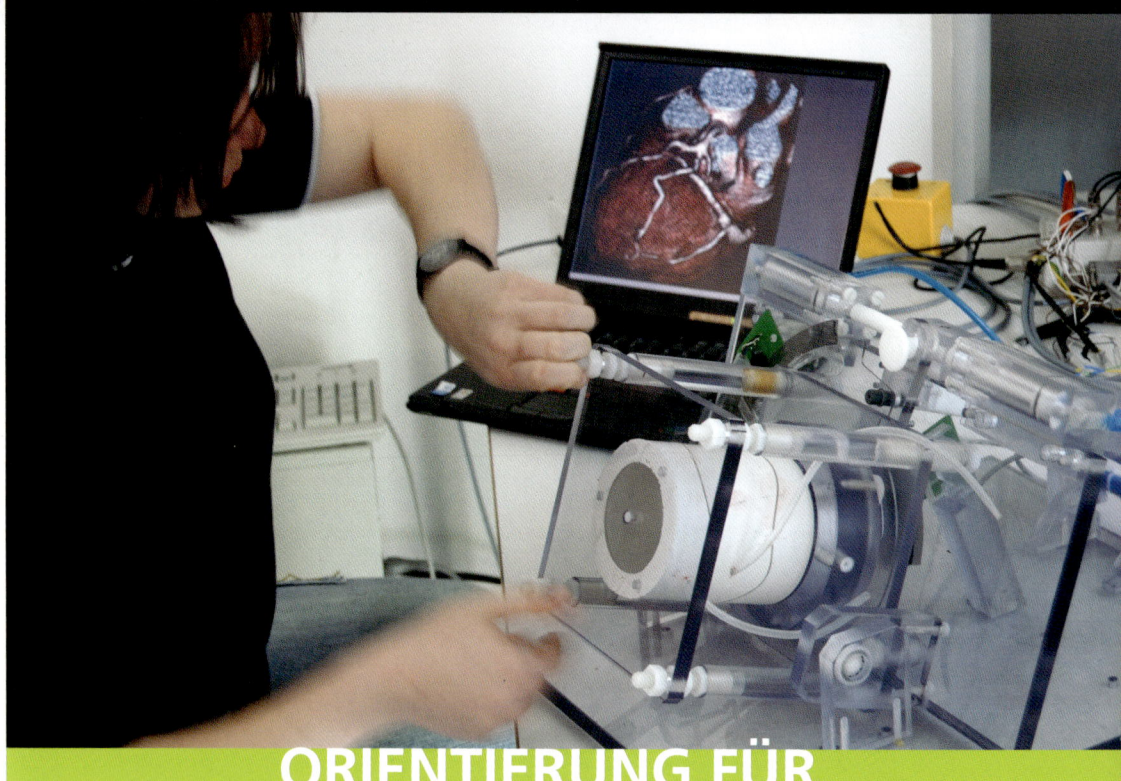

ORIENTIERUNG FÜR HERZCHIRURGEN

Eine interdisziplinäre Projektgruppe an Universität und Uni-Klinikum entwickelt derzeit ein neues computergestütztes Navigationssystem für Herzchirurgen. Es soll gewährleisten, dass sich Eingriffe an den Herzkranz-Arterien zügiger und präziser durchführen lassen.

Dafür werden vor dem Eingriff mit Hilfe der Computertomographie dreidimensionale Bilder des Herzens erstellt. Mit einem speziellen Navigationsinstrument (Cardio-Pointer) ist es dem Chirurgen während der Operation möglich, exakt festzustellen:
– Wo sind die Herzkranz-Arterien verengt?
– Wie lassen sich die Verengungen optimal umgehen?

Bei Verengung der Herzkranz-Arterien droht ein Herzinfarkt. Ist die Erkrankung weit fortgeschritten, besteht die effektivste Therapie in einer Bypass-Operation. Dabei konstruieren die Ärzte aus einer Vene oder Arterie, die sie dem Patienten an anderer Stelle entnehmen, eine Art Umleitung („Bypass") für das Blut.

Bisher sind Herzchirurgen vor Eingriffen weitgehend auf ihre Erfahrung, ihr Fingerspitzengefühl und die Bilder von Herzkatheter-Untersuchungen angewiesen, die vor der Operation erstellt wurden. Diese Röntgen-Aufnahmen sind zweidimensional – ihre Übertragung auf die reale Operationssituation ist deshalb schwierig.

Das neue Navigationssystem soll deshalb mit Schnittbildern vom Herzen arbeiten, die per Computertomographie (CT) erstellt werden. Damit lassen sich dann dreidimensionale Abbildungen des Herzens und seiner Blutgefäße berechnen.

Mittlerweile kann die Computertomographie sogar Details abbilden, die weniger als einen halben Millimeter groß sind. Verengungen in den Herzkranzgefäßen lassen sich also gut darstellen.

→
WIE VERLÄUFT DAS BLUTGEFÄSS?

Um eine Orientierung am offenen Herzen zu ermöglichen, werden die dreidimensionalen Bilder des Organs während des Eingriffs mit einem so genannten Trackingsystem kombiniert. Dafür erzeugt man im Operationsgebiet ein elektromagnetisches Feld. Anschließend wird eine anatomische Struktur – also etwa eine Herzkranz-Arterie – mit einem Instrument (Cardio Pointer) abgefahren, das kleine Metallspulen enthält. Es ist möglich, die Lage dieser Spulen im elektromagnetischen Feld exakt zu bestimmen. Dadurch lässt sich auch der Verlauf des Blutgefäßes nachvollziehen. Der Computer vergleicht diese Daten mit dem Gefäßverlauf auf den CT-Bildern und gibt Rückmeldung, um welches Gefäß es sich handelt. Anhand dieser Leitstruktur ist es dann möglich, die CT-Bilder und die intraoperative Situation zur Deckung zu bringen. Vorteil: Der Chirurg kann am Monitor kontrollieren, wo genau er seine Häkchen, Messer oder Scheren gerade ansetzt und ob er die richtige Stelle für den Bypass gefunden hat.

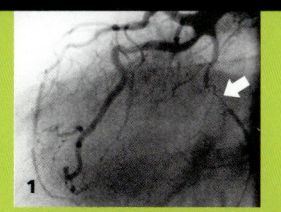

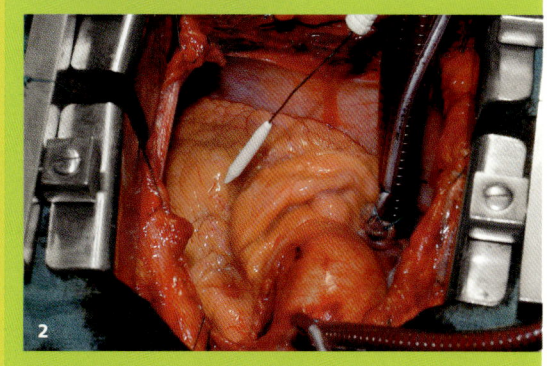

1 | Operation . . .
2 | am offenen Herzen

Steckbrief

Universität Ulm
Abteilung Mess-, Regel- und Mikrotechnik
Albert-Einstein-Allee 41
89081 Ulm

Projekt
Navigationsverfahren zur Identifikation von Koronararterien und Stenosen bei herzchirurgischen Operationen

Projektleiter
Prof. Dr.-Ing. Klaus Dietmayer.
Oberarzt Dr. Martin Hoffmann,
Abt. Radiologie, Universitätsklinikum Ulm
Oberarzt Dr. Reinhard Friedl,
Abt. Herzchirurgie, Universitätsklinikum Ulm

Zahl der wissenschaftlichen Mitarbeiter
4

Das Bundesministerium für Bildung und Forschung (BMBF) stellt über zwei Jahre 300.000 Euro zur Verfügung, damit ein erster Prototyp des Systems hergestellt und getestet werden kann.

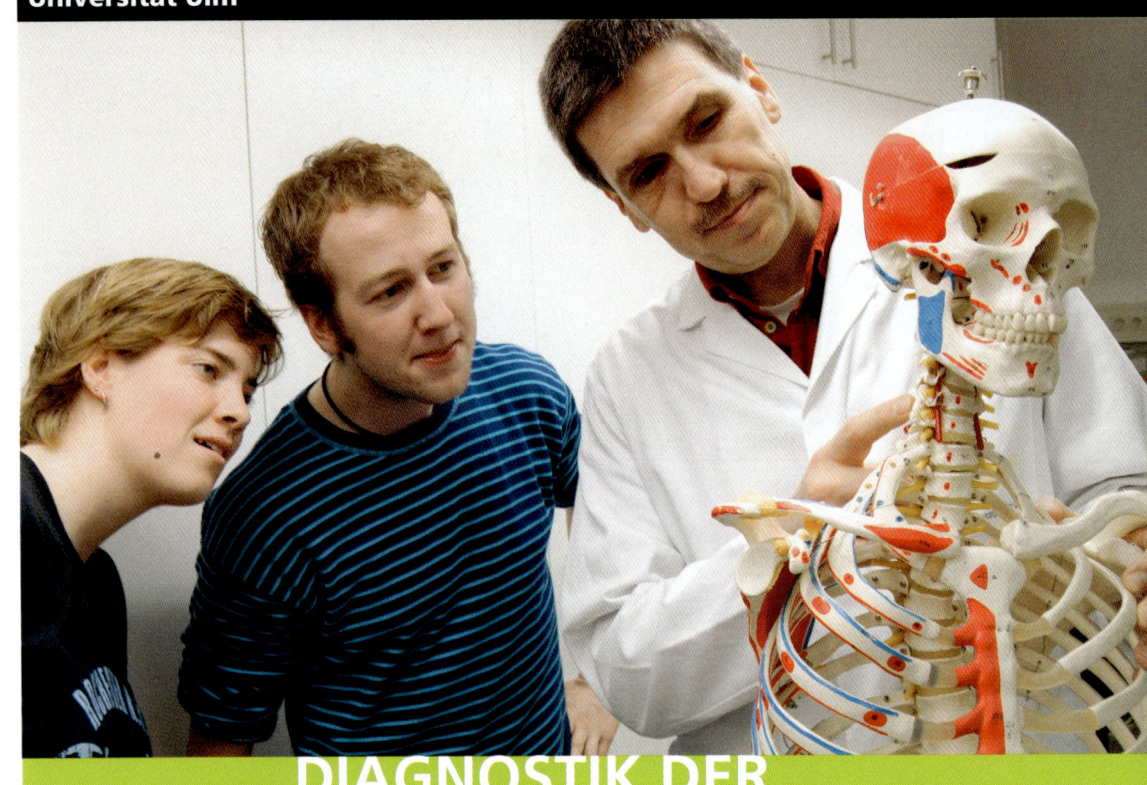

DIAGNOSTIK DER FUNKTIONSGESTÖRTEN HALSWIRBELSÄULE NACH SCHLEUDERTRAUMA

Das Institut für Unfallchirurgische Forschung und Biomechanik hat eine neue Methode entwickelt, den Schweregrad bei Beschwerden an der Halswirbelsäule zu klassifizieren.

Beschleunigungsverletzungen der Halswirbelsäule sind landläufig unter dem Begriff „Schleudertrauma" bekannt. 160.000 Fälle werden in Deutschland pro Jahr registriert.

Eine bedeutende Zahl der Betroffenen ist vorübergehend oder dauerhaft arbeitsunfähig. Solch eine Verletzung kann Schädigungen verschiedener anatomischer Strukturen zur Folge haben. Für Knochen- oder Weichteilschäden existieren bereits etablierte Diagnoseverfahren. Das gilt allerdings nicht für bleibende Störungen auf neuromuskulärer Ebene. Diese lassen sich mit herkömmlichen diagnostischen Mitteln häufig nicht nachweisen, bleiben deshalb vielfach unerkannt und werden nicht optimal therapiert.

Am Institut werden spezielle Messungen der Kopfbewegung mit einem Ultraschall-Bewegungsmesssystem durchgeführt. Die Auswertung der Bewegungsdaten erfolgt mittels Berechnung von so genannten Schraubachsen, die eine Bewegung unabhängig von anatomischen Bezugspunkten beschreiben. Die Bewegungen des Kopfes werden dann mit einer Reihe verschiedener, die Schraubachsen charakterisierenden Parameter dargestellt. Bei einigen dieser Parameter finden sich deutliche Unterschiede zwischen gesunden Probanden und Patienten mit Schleudertrauma.

Neben der effektiven Diagnosestellung und der gezielten Therapie ist es denkbar, die neu entwickelte Methode bei der Begutachtung von Patienten mit Schleudertrauma als Standard einzusetzen. Um eine statistisch verlässliche Aussage der Methode zu gewährleisten, muss eine große Anzahl weiterer Messungen an Patienten mit Schleudertrauma durchgeführt werden.

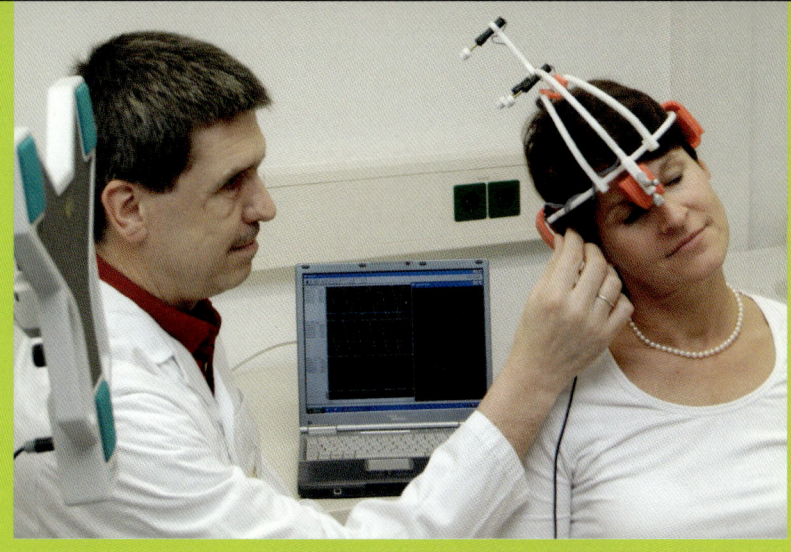

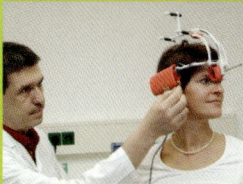

Kopfbewegungen werden aufgezeichnet

→
NICKEN FÜR DIE WISSENSCHAFT
Bei der Messung haben die Patienten oder Probanden festgelegte Kopfbewegungen zu machen. Sie müssen nicken, den Kopf in den Nacken legen, zur Seite neigen und nach rechts und links drehen. Dabei wird die Kopfbewegung mit einem Ultraschall-Bewegungsmesssystem aufgezeichnet.

Steckbrief

Universitätsklinikum Ulm
Institut für Unfallchirurgische
Forschung und Biomechanik
Helmholtzstraße 14
89081 Ulm

Direktor
Prof. Dr. Lutz Claes,
Stellv. Direktor und Projektleiter
PD Dr. Lutz Dürselen

Zahl der Mitarbeiter
35

Forschungsgebiete
Knochenbruchbehandlung, Gelenkersatz, Biomaterialien, Gewebezüchtung, Biomechanik von Wirbelsäule und Gelenken.

Institut für Klinische Transfusionsmedizin und Immungenetik Ulm (IKT Ulm)

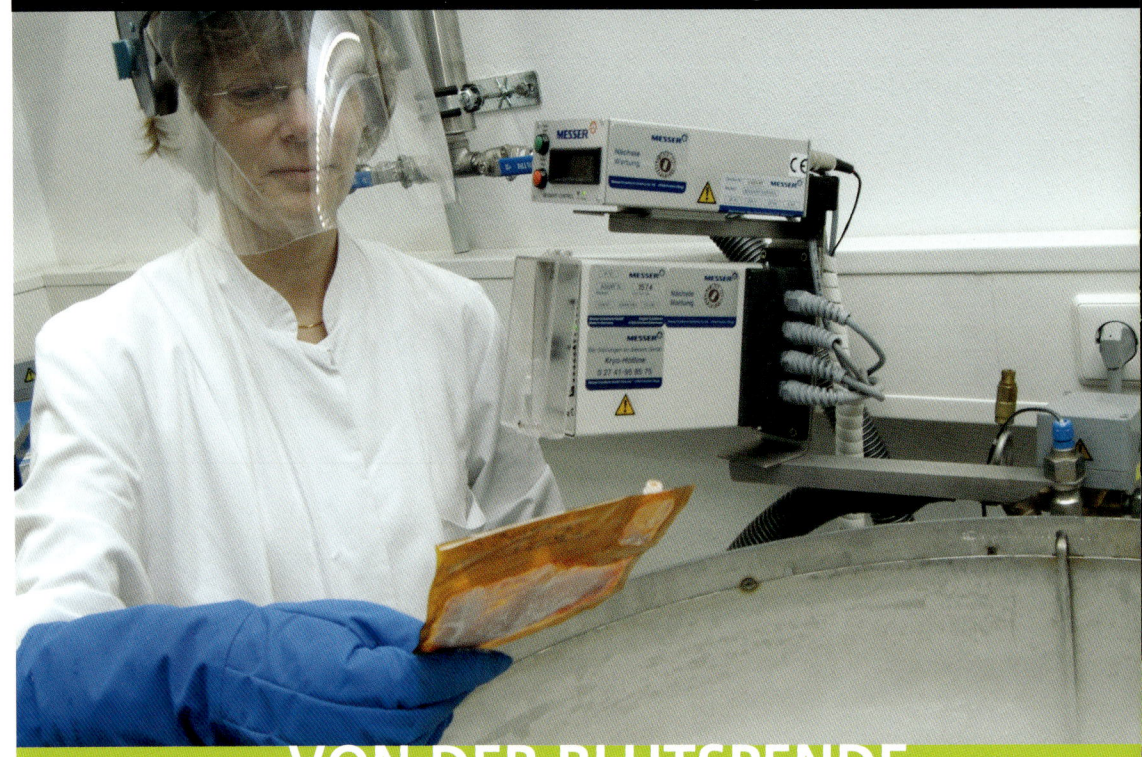

VON DER BLUTSPENDE ZUR ZELLTHERAPIE

Nicht nur das Universitätsklinikum Ulm hängt „am Tropf" des Instituts für Klinische Transfusionsmedizin und Immungenetik Ulm (IKT Ulm). In dem Institut findet gleichzeitig bahnbrechende Forschung rund um den „besonderen Lebenssaft" statt.

Die Blutspendezentrale ist in der Öffentlichkeit vor allem bekannt durch ihre Blutspendetermine, die sie seit ihrer Eröffnung 1971 abhält. Aus den Vollblutspenden werden verschiedene Blutprodukte hergestellt, rote Blutzellen etwa, Blutplättchen und gefrorenes Frischplasma. Damit wird an rund 130 Einrichtungen in der Region rund um die Uhr die gezielte transfusionsmedizinische Therapie und Diagnostik sichergestellt.

Im angegliederten Institut wurden Verfahren zur gezielten Gewinnung einzelner Blutkomponenten entwickelt. Ein Schwerpunkt dabei war die Gewinnung und Aufreinigung von blutbildenden Stammzellen und Immunzellen.

- Die blutbildenden Stammzellen können sich zu allen Blutzelltypen entwickeln. Sie erlauben somit eine ständige Erneuerung der Zellen des Blutes und des Immunsystems.
- Die Transplantation blutbildender Stammzellen ist eine Therapie vieler Krankheiten, insbesondere bei bösartigen Erkrankungen und angeborenen Defekten von Blutbildung und Immunsystem. Die Blutstammzellen sind hierfür als bevorzugte Stammzellquelle etabliert. Zur Erhöhung der Empfängersicherheit und Verbesserung des Transplantationsergebnisses werden für viele Anwendungen in der Stammzell- und Immuntherapie die Zellen in Reinräumen weiter aufbereitet.

- Neuere Untersuchungen zeigen, dass sich Stammzellen aus dem Knochenmark auch zu verschiedenen anderen Gewebetypen (wie Herzmuskelzellen, Blutgefäßzellen, Bindegewebszellen) entwickeln können.

- Dies begründet Hoffnungen für den Einsatz dieser Zellen in der regenerativen Medizin.

- Im IKT Ulm werden solche innovativen Zelltherapiepräparate entwickelt und in Kooperation mit den Abteilungen des Universitätsklinikums Ulm in klinischen Studien untersucht.

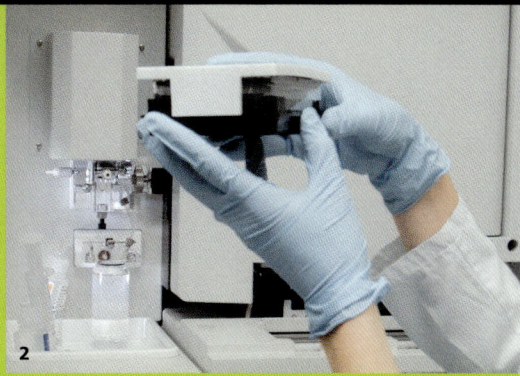

1 | Untersuchung von Blut . . .
2 | . . . und von Knochenmark

→
„BLUT IST EIN GANZ BESONDERER SAFT"
Aus Blut und Knochenmark können Zellen mit verschiedenen Funktionen und Entwicklungsmöglichkeiten gewonnen werden. Die Blutzellen sind lebensnotwendig, haben aber nur eine kurze Lebensdauer. Nur die enorme Leistungsfähigkeit blutbildender Stammzellen mit der Fähigkeit zur ständigen Erneuerung erhält die Blutbildung aufrecht.

Steckbrief

Institut für Klinische Transfusionsmedizin und Immungenetik Ulm (IKT Ulm)

Ein Gemeinschaftsunternehmen des DRK-Blutspendedienstes Baden-Württemberg – Hessen und des Universitätsklinikums Ulm

Universitätsklinikum Ulm
Abteilung Transfusionsmedizin
Helmholtzstraße 10
89081 Ulm

Leiter
Professor Dr. med. Hubert Schrezenmeier

Zahl der Mitarbeiter
155

Forschungsgebiete
– Molekulare Grundlagen und Diagnostik der Blutgruppen
– Zelluläre Immuntherapie und Stammzelltransplantation
– Stammzellen zur stammzellbasierten Gewebereparatur
– Molekulare Charakterisierung von angeborenen Immundefekten und deren Therapie durch Genkorrektur
– Transplantationsimmunologie: Weiterentwicklung von Untersuchungstechniken der HLA-Antigene und weitere Polymorphismen.

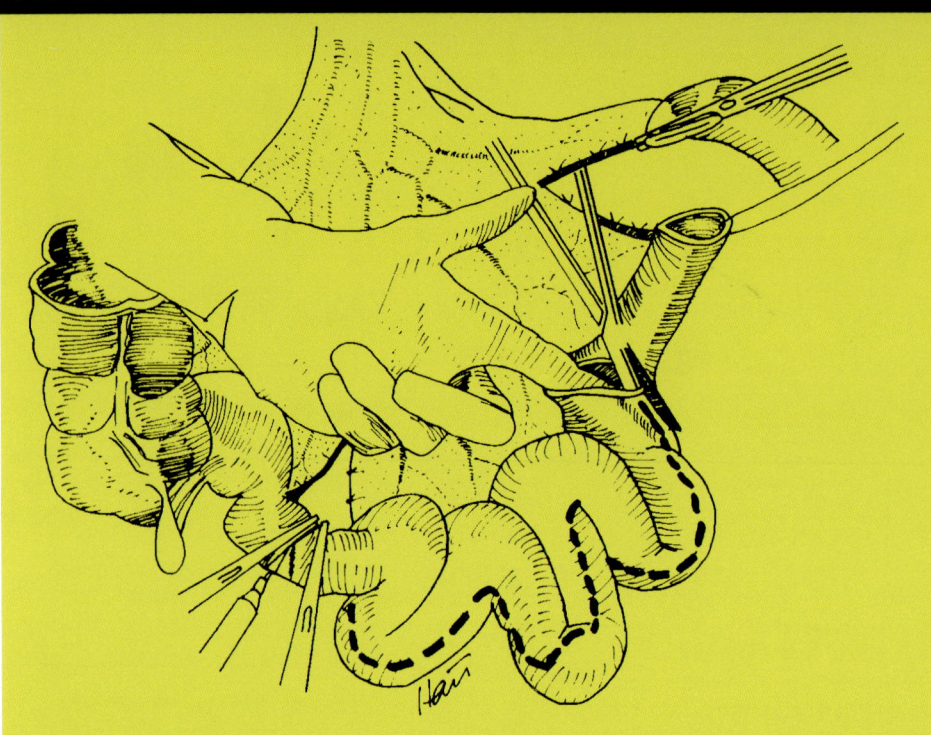

OPTIMALE ERSATZBLASE NACH BLASENKREBS

Der Urologe Prof. Richard Hautmann hat Mitte der 80er-Jahre am Ulmer Universitätsklinikum eine Ersatzblase aus Dünndarmanteilen entwickelt und in den Jahren danach weiter optimiert. Sie kann inzwischen nahezu allen Patienten mit fortgeschrittenem Blasenkrebs als Harnableitung angeboten werden.

Nutznießer sind Patienten, bei denen die Harnblase entfernt werden muss. Standard war bis dahin die Ableitung des Urins in einen Beutel im Bereich des Bauches.

Zuvor waren weltweit an mehreren Orten, vor allem aber in Deutschland und der Schweiz, Versuche unternommen worden, die Harnblase nach Entfernung durch körpereigenes Material zu ersetzen.

Der Durchbruch gelang dem Chefarzt der Ulmer Urologie. Prof. Richard Hautmann entwickelte eine Operationsmethode, die eine Rekonstruktion des unteren Harntrakts nach Radikaloperationen mit einer Ersatzlösung ermöglicht. Gleichzeitig werden durch diese Methode die bis dahin unvermeidlichen Nachteile umgangen, die eine Harnableitung in einen Beutel mit sich bringt.

Die funktionserhaltende Ersatzblase aus Dünndarmanteilen gilt nach wie vor als optimale Lösung. Sie hat sich mittlerweile als Standard-Harnableitung durchgesetzt. Professor Dr. Richard Hautmann ist für diese Entwicklung national und international mit zahlreichen hochrangigen Preisen und Auszeichnungen geehrt worden, zuletzt mit dem Deutschen Krebspreis 2005.

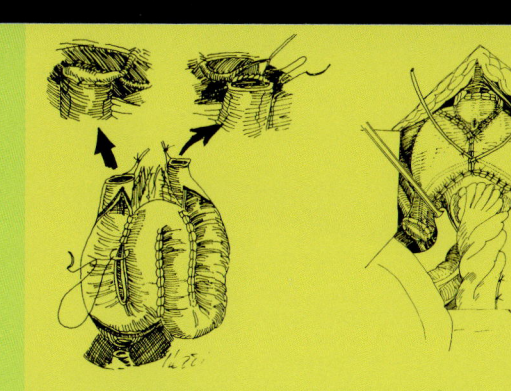

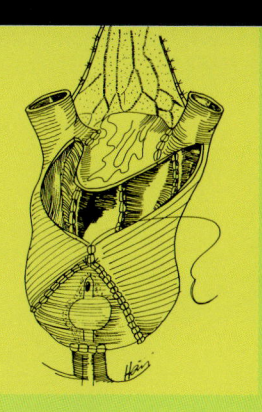

Künstliche Blase nach Methode
Prof. Hautmann

→
UNSICHTBAR
Die so genannte „Hautmannblase" ist voll in den Körper integriert und von außen nicht sichtbar.

→
ALLE FUNKTIONEN BLEIBEN ERHALTEN
Die Ersatzblase erhält dem Patienten den natürlichen Weg des Wasserlassens und lässt bei entsprechender Operationstechnik auch die sexuellen Funktionen unbeeinträchtigt.

Steckbrief

Urologische Universitätsklinik Ulm

Prof. Dr. Richard Hautmann
Prittwitzstraße 43
89075 Ulm

Forschungsgebiete
radikale Zystektomie mit orthotopem Harnblasenersatz, radikale Prostatektomie, organerhaltende Nierentumorchirurgie, Chemo-(Immun)-Therapie des Harnblasen-, Nierenzell- und Prostatakarzinoms

Institut für Diabetes-Technologie (IDT)

DIE KÜNSTLICHE BAUCHSPEICHELDRÜSE

Forschungsziel des Instituts ist die Entwicklung einer künstlichen Bauchspeicheldrüse zur Linderung der Krankheit Diabetes mellitus und deren Folgeschäden. Viele der Erkenntnisse auf dem Weg dorthin sind in die Medizingeschichte eingegangen.

Bei Diabetes mellitus („Zuckerkrankheit") versagt die Regelung des Blutzuckerspiegels. Diabetes Typ 1 ist durch einen Mangel an Insulin gekennzeichnet. Bei Typ 2 („Altersdiabetes") wirkt das Insulin nicht mehr ausreichend. Beides führt durch überhöhte Blutzuckerwerte zu den gefürchteten Folgeschäden an Gefäßen und Nerven.

1987 gründete Professor Ernst Friedrich Pfeiffer das Institut für Diabetes-Technologie, um seine Vision zu verwirklichen: eine künstliche Bauchspeicheldrüse als Ersatz für die gestörte Regelung.

Folgende Voraussetzungen muss eine künstliche Bauchspeicheldrüse erfüllen:
1. Die Messung des aktuellen Zuckergehalts im Körper kontinuierlich durchführen
2. Den Insulinbedarf korrekt berechnen (also flexibel auf den Alltag reagieren)
3. Die Abgabe der benötigten Insulinmenge zuverlässig durchführen
4. Klein und handlich sein

Ein Meilenstein dahin war die „Ulmer Zuckeruhr nach Prof. Pfeiffer". Sie war das erste Gerät, welches den Gewebezucker kontinuierlich gemessen hat. Das System, eine Kombination aus Mikrodialyse und chemisch-physikalischer Zuckermessung, lieferte über mehrere Tage kontinuierlich Messwerte.

Mittlerweile stehen weitere wichtige Teile einer künstlichen Bauchspeicheldrüse zur Verfügung: Moderne Kleincomputer könnten die notwendigen komplexen Rechenregeln bewältigen. Kleine handliche Insulinpumpen zur zuverlässigen Abgabe von Insulin gibt es seit den 80er Jahren.

Zwei große Probleme sind noch nicht gelöst:
1. Die kontinuierlichen Messgeräte sind noch nicht zuverlässig genug. Hier entwickelt und prüft das Institut neue Systeme.
2. Die korrekte Berechnung des Insulinbedarfs ist schwierig. Denn künstlich zugeführtes Insulin wirkt über den Moment hinaus. Mahlzeiten und Sport verändern den Blutzuckerspiegel. Im Institut werden so genannte Algorithmen (Rechenregeln) zur automatisierten Insulinpumpensteuerung entwickelt und erprobt. Die Ergebnisse sind vielversprechend.

Künstliche Bauchspeicheldrüse

→
BEOBACHTUNG DER NÄHRSTOFF-AUFNAHME
Diabetiker müssen wissen, was sie essen. Denn die Art der Kohlenhydrate sowie die Zusammensetzung und Zubereitung der Mahlzeit haben starken Einfluss auf Höhe, Geschwindigkeit und Dauer des Blutzuckeranstiegs nach der Nahrungsaufnahme. Während mehrtägiger Aufenthalte von Probanden im Institut werden die Nährstoff- und Energiegehalte der gegessenen Mahlzeiten genau ermittelt. Dies geschieht durch Abwiegen und Berechnung anhand von Nährstofftabellen. Die Ergebnisse des Essverhaltens werden dann mit den aktuellen Ernährungsempfehlungen für Diabetiker verglichen.

→
AUTOMATISCHE INSULINPUMPE
Im Institut werden Algorithmen (Rechenregeln) zur automatisierten Insulinpumpensteuerung entwickelt und erprobt. Ziel ist die Entwicklung eines Systems, das Insulindosierungen automatisch berechnet und mittels einer Insulinpumpe abgibt. Im Institut sind zu diesem Thema bereits sehr Erfolg versprechende Versuche durchgeführt worden.

Steckbrief

Institut für Diabetes-Technologie
An-Institut an der Universität Ulm
Helmholtzstraße 20
89081 Ulm

Gegründet 1987 durch
Prof. Dr. med. Dres. h. c.
Ernst Friedrich Pfeiffer

Wissenschaftliche Leitung
Prof. Cornelia Haug

Geschäftsführer
Dr. Guido Freckmann

Mitarbeiter
10

Forschungsziele
– Forschung und Entwicklung von Medizintechnologien, insbesondere Diabetestechnologien
– Entwicklung einer künstlichen Bauchspeicheldrüse
– Entwicklung von Mikrodialyseverfahren
– Entwicklung von Systemen zur kontinuierlichen Gewebezuckermessung
– Entwicklung von Algorithmen zur Steuerung der Insulingabe
– Schulung von Diabetikern zur korrekten Einschätzung des Kohlenhydratgehaltes von Mahlzeiten und deren glykämischen Index
– Forschung auf dem Gebiet Kohlenhydratschätzung, Ernährung und Ernährungsschulung und Schulung mit kontinuierlichen Kurven

Fachhochschule Ulm

ÜBERWACHT UND DENNOCH FREI

Wissenschaftler der Fachhochschulen Ulm und Offenburg haben die Grundlagen für die Entwicklung eines transportablen Mini-EKG-Geräts gelegt. Mit dem CardioScout ist nun vernetzte Überwachung von Risikopatienten und Unfallopfern möglich.

Über winzige Körpersensoren registriert das 40 Gramm leichte EKG-Gerät lebenswichtige Parameter. Per Funk werden diese Informationen an den Hausarzt oder den Klinikarzt weitergegeben. Dies sichert den Betroffenen im Notfall schnelle Hilfe, ob sie nun auf Reisen sind oder im eigenen Garten werkeln.

Den Fortschritt im Patienten-Monitoring brachte die gelungene Kombination moderner Funktechnik mit extrem verkleinerten Sensoren und Aufzeichnungsgeräten. CardioScout ist ein Sensorpflaster, das sich bequem unter der Kleidung tragen lässt. Ohne durch einen Kabelsalat behindert zu sein, kann der Betroffene seinem Tagesgeschäft nachgehen, Sport treiben oder ungestört schlafen. CardioScout ist bereits auf dem Markt erhältlich.

Für die sichere Datenerfassung und die hochwertige Signalverarbeitung haben die Wissenschaftler einen Mikrochip mit hochintegrierter Elektronik entwickelt. Seine Speicherkapazität reicht aus, um Daten über mehrere Tage lang zu erfassen. Die Bluetooth-Funktechnik erlaubt eine zuverlässige Online-Übertragung der Messdaten auf zehn Meter Distanz. Im Fernbereich werden Mobilfunknetze benutzt.

Umgekehrt kann der Risiko-Patient seine EKG-Daten jederzeit ablesen. Das ermöglicht ihm die Kontrolle, ob er sich gesundheitsbewusst verhält.

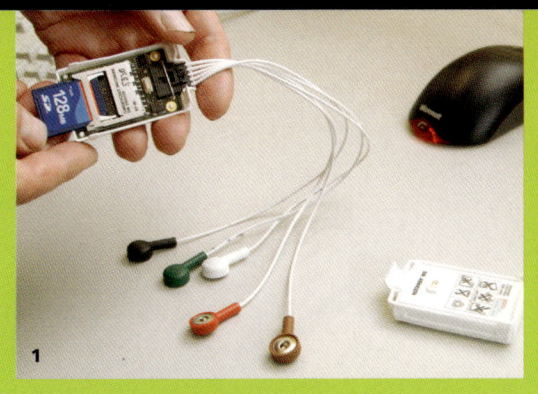

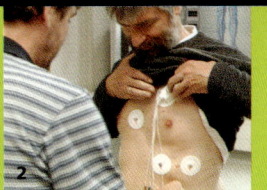

1 | CardioScout, ein handliches Gerät . . .
2 | . . . am Körper angelegt

→
CARDIOSCOUT
Die fünf Sensoren von CardioScout lassen sich samt des Mini-Recorders problemlos mit Hilfe eines Spezialpflasters auf der Brust befestigen. Die 40 Gramm leichte Last garantiert Risikopatienten eine neue Dimension der Sicherheit und Bewegungsfreiheit.

→
KÖRPERNETZE ERÖFFNEN NEUE PERSPEKTIVEN
Mit der Bluetooth-Funktechnik lassen sich mehrere Körpersensoren zu einem Netz verschalten. Die Ulmer Wissenschaftler arbeiten inzwischen daran, den winzigen Recorder von CardioScout in anderen Szenarien einzusetzen. Integriert in eine Kopfbedeckung, könnte er zur Ableitung von Hirnströmen dienen. Hiervon würden vor allem anfallskranke Menschen profitieren. Auch wäre es möglich, dass das Netzwerk Werte wie Atmung und Temperatur misst. Profitieren würden Menschen, die unter Schlafstörungen leiden.

→
SOGAR UNTERWASSERTAUGLICH
CardioScout ist unter extremen Bedingungen getestet worden. Ob in der physiotherapeutischen Unterwasser-Anwendung oder an Leistungssportlern beim freien Tauchen mit angehaltenem Atem (Apnoe-Tauchen) – stets lieferte es saubere online-übertragbare Elektrokardiogramme. Dadurch ließ sich die Herzaktivität von Patient wie Proband problemlos und direkt überwachen.

Steckbrief

Institut für Angewandte Forschung (IAF) der FH Ulm

Aufgabe
Durchführung anwendungsorientierter Forschungsprojekte mit und ohne Industriebeteiligung

Kompetenz
Ein Schwerpunkt sind Technik und Informatik in der Medizin. Forschungs- und Entwicklungspartner im Projekt „CardioScout" war die Fachhochschule Offenburg.

Projektverantwortliche
Prof. Dr.-Ing. Rainer Brucher,
Prof. Dr. Klaus Paulat

Partner
Picomed. Das junge Unternehmen in Überlingen entwickelt, produziert und vertreibt medizinische Systeme. Mit der Hochschulentwicklung „CardioScout" startete es in den Produktbereich Langzeit-EKG.

Institut für Lasertechnologien

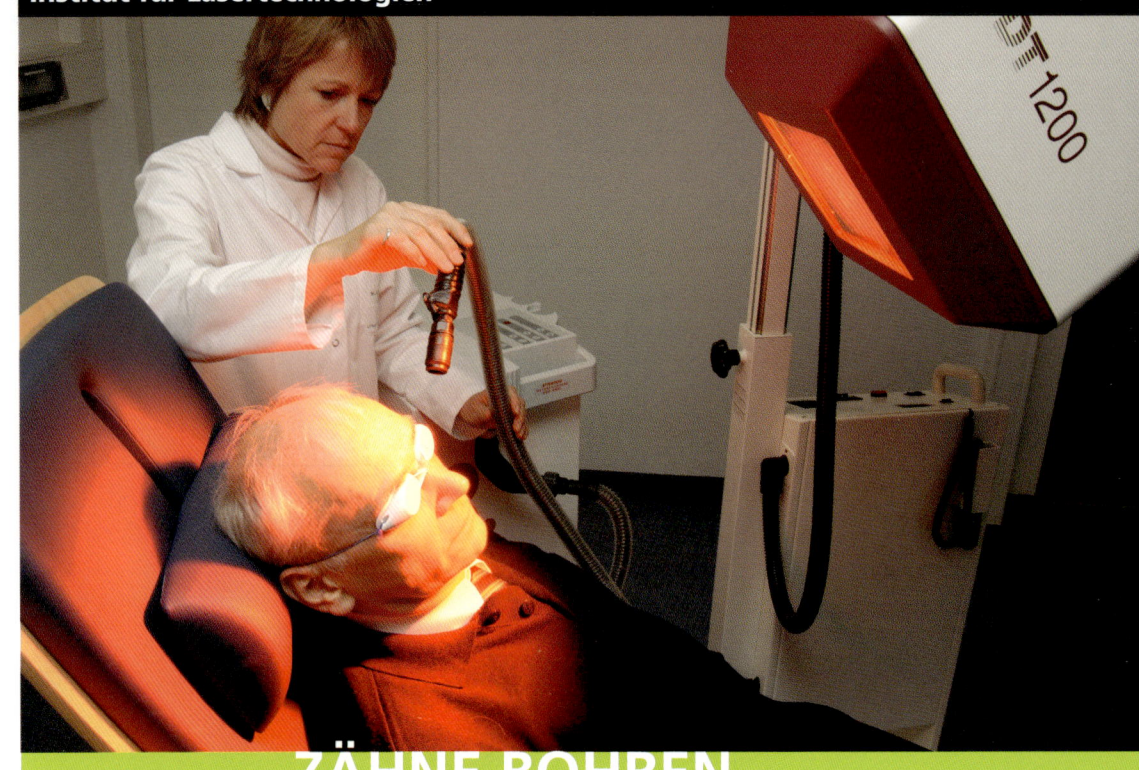

ZÄHNE BOHREN, TUMORE BEKÄMPFEN – MIT NICHTS ALS LICHT

Wo schwächeln selbst die stärksten Männer? Natürlich beim Zahnarzt. Das Surren des Bohrers, die Betäubungsspritze, die Wurzelbehandlung – da werden sogar geborene Helden zu Mimosen. Doch Rettung ist da. Eines der Starprodukte des Ulmer Laserinstituts ist eine Laserpistole. Mit dieser lassen sich Zähne reparieren, ohne dass es groß weh tut.

Mit dem Institut für Lasertechnologie in der Medizin und Messtechnik (ILM) an der Universität Ulm hat die Wissenschaftsstadt angefangen. Die hier seit 20 Jahren fortentwickelte Lasertechnologie ist vielseitig und hat in viele Bereiche nicht nur der Medizin Einzug gehalten. Das Prinzip des Lasers beruht darauf, Licht zu einem hauchdünnen Strahl zu bündeln. Damit lässt es sich schneiden, löten, Material verdampfen, fräsen oder zertrümmern. Eingesetzt wie ein Skalpell, ist er vor allem für die Minimal-Chirurgie geeignet, zum Beispiel für Operationen an der Hornhaut des Auges. Zahnärzte rücken damit Löchern zu Leibe oder können Zahnentzündungen bekämpfen. Schönheitschirurgen gibt er die Möglichkeit zum Entfernen von Tätowierungen, Narben, Feuermalen und Geschwüren. Beim Epilieren und sogar bei der Behandlung von Falten ist der Laser ebenfalls zum wichtigen Instrument geworden.

Als Vorteil des Lasers im medizinischen Bereich gilt die Zielsicherheit, wenn es um die Ausschaltung von erkranktem Gewebe geht. Denn die Laserstrahlen sind sehr gut fokussierbar. Die Eingriffe sind so vielfach auf winzige Schnittchen begrenzbar („minimal invasiv") und somit auch mit weniger Schmerzen verbunden. Neuerdings können Eingriffe im eigenen Haus vorgenommen werden, nachdem das Institut ein eigenes Therapiezentrum erhalten hat. Nirgends im weiten Umkreis gibt es heute eine größere Ansammlung verschiedenster Lasertypen als in dem weißen Gebäude im Science Park I.

Da am Institut eine große Zahl bahnbrechender Laseranwendungen entwickelt wurden, genießt es international einen hervorragenden Ruf. Dazu zählen Laser zur Therapie des grünen Stars, zur Wundvermessung und zur Tumorerkennung. Der Zahnlaser, ebenfalls „entwickelt am ILM", steht längst zu Tausenden in Zahnarztpraxen bzw. Zahnkliniken weltweit, und zwar in dritter Generation – dieser ist kleiner, kompakter und „intelligenter" durch eingebaute Diagnostik als die Vorgänger und deckt mehr Anwendungsbereiche ab.

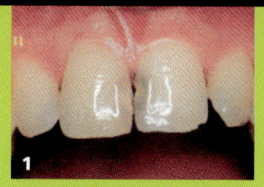

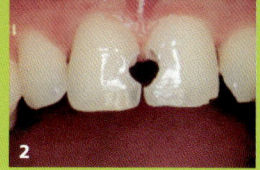

1 und 2 | Kariöse Stelle mit dem Laser durchbohrt
3 und 4 | Tattoo per Laser entfernt
5 | Laser haben vielfältige Einsatzfelder

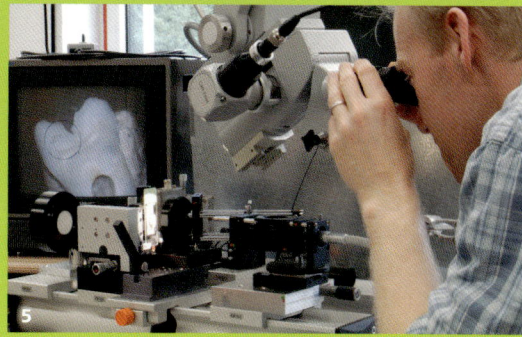

→
LASER GEGEN KREBS
Ein sehr wichtiges Einsatzgebiet des Lasers hat sich in der Krebsbehandlung aufgetan. Denn man kann ihn im Sinne eines „Fotoapparats" verwenden zum Abbilden von Geschwülsten im Körperinneren. Spezielle Farbstoffmoleküle, im Tumor angereichert, werden durch das Laserlicht gezielt angeregt, damit sie Energie abgeben. Diese Energie wird weiter geleitet an die Sauerstoffmoleküle im Gewebe. Der Effekt dabei: Diese Sauerstoffmoleküle werden damit toxisch und zerstören ihre Umgebung, nämlich den Tumor. Die Reaktion wirkt nur lokal. Der Farbstoff ist fluoreszierend. Somit kann der Arzt leicht erkennen, wie weit sich der Tumor ausgebreitet hat. Ebenso leicht kann er die Heilungsfortschritte verfolgen.

→
LASER IN DER INDUSTRIE
Längst hat sich das Laser-Institut mit dem Bereich Laser-Messtechnik ein zweites Standbein aufgebaut. In diesem industriellen Anwendungsbereich geht es um photothermische Anregung von Werkstoffen (z.B. Stahl) zur zerstörungsfreien Defekterkennung oder zur Analyse von Beschichtungen. Auch lässt sich beispielsweise mit Hilfe von Lasern die Oberflächenhärtung von Stahl und der Verlauf der Härtung in die Tiefe photothermisch messen. Wichtige Aussagen über die Belastbarkeit in der Antriebstechnik lassen sich damit treffen.

Steckbrief

Institut für Lasertechnologie in der Medizin und Messtechnik
An-Institut an der Universität Ulm
Helmholtzstraße 12
89081 Ulm

Leiter
Prof. Rudolf Steiner

Mitarbeiter
rund 45

Arbeitsbereiche
Entwicklung von neuen Laser-Anwendungsverfahren bis zur Anwendungsreife und Einsatz am Patienten. Vernetzung europaweit, über die Universität Ulm hinaus, vor allem auch durch einzelne Kooperationen.

In Zukunft
Ausbau der Forschungsfelder
– Knochen (Thema: Abtragen bzw. Schneiden, z.B. bei Tumorbefall)
– und Minimalchirurgie (z.B. für die Augenoperation), dafür Entwicklung eines neuen Lasertyps

DIE SPUR DER FARBSTOFFE AUS DEM MEER

Leuchtende Meerestiere sind optisch reizvoll – und neuerdings in den Diensten der Biowissenschaften. Wissenschaftler der Universität Ulm nutzen sie bei Verfahren, mit denen sich beispielsweise die Wirkweise von Medikamenten überprüfen lässt.

Einige Meerestiere, insbesondere Seeanemonen und Korallen, leuchten, wenn man sie mit Licht bestrahlt, grün oder rot. Ursächlich dafür sind bestimmte Eiweißmoleküle. Diese „Biofarben" eignen sich beispielsweise dafür, jedes beliebige Protein, z.B. auch Hormone und deren Empfängermoleküle, zu markieren. Damit lässt es sich aufzuzeigen, wo diese an eine Zelle andocken oder wo sie in sie eindringen.

Diese Fragen sind beispielsweise bei der Entwicklung neuer pharmazeutischer Präparate von großer Wichtigkeit.

Das an der Abteilung Allgemeine Zoologie und Endokrinologie angesiedelte Projekt „Farbstoffe aus dem Meer" macht sich die Fortschritte der Genforschung zunutze. Es gelang dem Team, die für die Bildung dieser Farbstoffe verantwortlichen Gene (Erbinformationen) zu isolieren.

In einem zweiten Schritt werden diese „bunten Eiweiße" mit solchen Eiweißen verknüpft, die medizinisch oder biologisch interessant sind. Solchermaßen markiert, lässt sich deren Weg – beispielsweise im menschlichen Körper – damit genau verfolgen.

– Die Ulmer Wissenschaftler haben neue Farbstoffe isoliert und charakterisiert.
– Sie haben darüber hinaus durch Genmanipulationen neue Farbstoffe auf „Meerestierbasis" hergestellt.

1 | Versuchstiere . . .
2 | . . . werden zum Wachstum animiert
3 und 4 | Untersuchung zur Eignung für den Einsatz im menschlichen Körper

→
DAS LEUCHTEN IM MEER
Viele marine Nesseltiere wie zum Beispiel Krustenanemonen enthalten grüne und rote Eiweiß-Farbstoffe. Bei Bestrahlung mit blauem Licht zeigen die Farbstoffe grünes oder rotes Leuchten. Werden die Gene isoliert und in Bakterien eingebracht, so leuchten auch die Bakterienzellen. Auch diese Bakterien können damit zur Gewinnung der „Biofarben" herangezogen werden.

→
DER WEG DER EMPFÄNGERMOLEKÜLE
Hormone, welche die Körpergestalt bestimmen und den Stoffwechsel von Tieren und Menschen regeln (Steroidhormone), werden in Hormondrüsen gebildet. Über die Blutbahn gelangen sie an den Ort ihrer Wirkung. Im Inneren einer Zelle werden sie von Empfängermolekülen erkannt und zur Erbsubstanz, der DNA, geleitet, wo sie das Ablesen der Erbinformation beeinflussen. Der Weg dieser Empfängermoleküle kann mit Hilfe der Farbmarkierung verfolgt werden.

Steckbrief

Universität Ulm
Abteilung Allgemeine Zoologie
und Endokrinologie
Albert-Einstein-Allee 11
89081 Ulm

Zahl der Mitarbeiter
4+

Projekt
„Farbstoffe aus dem Meer ermöglichen die Ortung von Biomolekülen"

Projektleitung
Prof. Dr. Klaus-Dieter Spindler

Projekt in Kooperation mit der Boehringer-Ingelheim AG.

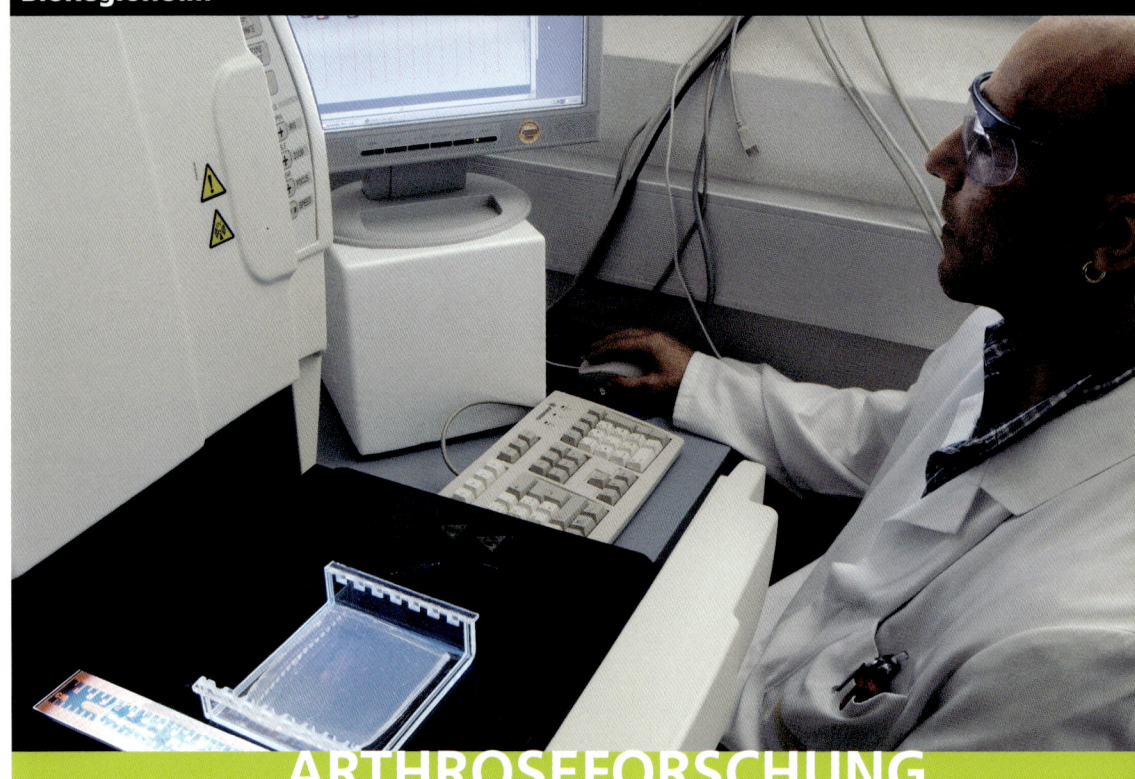

ARTHROSEFORSCHUNG IM REAGENZGLAS

Die Firma Merckle/ratiopharm unterstützt die Grundlagenforschung über Arthrose mit einer Stiftungsprofessur an der Universität Ulm. Zusammen mit dem Stelleninhaber Prof. Rolf Brenner werden unter anderem Testmethoden zur Entwicklung neuer Arzneimittel erarbeitet, die ein Fortschreiten der Erkrankung aufhalten sollen.

Einer Arthrose geht häufig eine Sportverletzung voraus. Im Verlauf der Erkrankung werden Prozesse in Gang gesetzt, die zum fortschreitenden Verlust des Gelenkknorpels führen. Für eine gezielte medikamentöse Beeinflussung dieser Vorgänge ist es erforderlich, die beteiligten Mechanismen bestmöglich zu verstehen.

Verschiedene Mechanismen des Krankheitsprozesses der Arthrose sind bereits aufgeklärt. Es ist bekannt, dass sich Knorpelzellen mit Entzündungs- und Knochenzellen über Eiweißmoleküle (Botenstoffe) verständigen. Bei der Arthrose werden Botenstoffe freigesetzt, die in den beteiligten Zellen Signalwege aktivieren, die letztlich zum Verlust von Knorpelgewebe führen.

Aus diesen Erkenntnissen resultiert der Ulmer Lösungsansatz, mit Arzneistoffen in den Zellen unerwünschte Kommunikationswege zu unterbinden. Ziel sind Medikamente, die über die Blutbahn an den Entzündungsherd und die Stelle der Gelenkzerstörung gelangen und dort die Bildung schädlicher Botenstoffe bzw. knorpelabbauender Eiweiße reduzieren.

Die Entwicklung neuer Arzneimittel dauert etwa acht bis zehn Jahre und kann mehrere 100 Millionen Euro kosten. Forschende Pharma-Unternehmen suchen daher auch nach verlässlichen Methoden, mit denen die Wirksamkeit neuer Stoffe geprüft werden kann. Im Rahmen einer Forschungskooperation entwickeln die Wirkstoffforscher von Merckle/ratiopharm und die Ulmer Wissenschaftler derzeit ein solches Modell für die Arthrosebehandlung.

„Die Zahlen sprechen für sich: Wer in Ulm und um Ulm herum einen neuen Job antritt, der macht das in den vergangenen Jahren immer öfter bei den Pharmaunternehmen. Um 30 Prozent ist das Angebot an Arbeitsplätzen bei ratiopharm, Vetter, Rentschler oder Boehringer gestiegen. Damit ist Ulm zur zweitstärksten Pharmaregion Deutschlands aufgestiegen. Keine andere Region hat dieses Tempo vorgelegt."
Zukunftsatlas 2006 von prognos/Handelsblatt

Gelenkknorpel auf dem Rückzug

→
INTERDISZIPLINÄRE FORSCHERGRUPPE
In der Sektion „Biochemie der Gelenks- und Bindegewebserkrankungen" an der Medizinischen Fakultät untersucht eine interdisziplinäre Forschergruppe:
- die Rolle erblicher Faktoren bei Erkrankungen des Skelettsystems
- Einsatzmöglichkeiten körpereigener Stammzellen des Bindegewebes für Gewebsregeneration und Tissue Engineering
- „intelligente" Biomaterialien für den Ersatz von Knochen und Bändern
- neue Wirkstoffe zur therapeutischen Beeinflussung des Knorpelzellstoffwechsels bei Arthrose.

→
CHRONISCH UND SCHMERZHAFT
Gemessen an den Krankheitskosten ist die Arthrose bereits jetzt eine der teuersten Erkrankungen. Wichtige Risikofaktoren sind Verletzungen, Fehlstellungen oder Instabilitäten von Gelenken, Übergewicht sowie eine entsprechende erbliche Veranlagung. Im Gegensatz zur Arthritis steht bei der Arthrose nicht die akute Entzündung, sondern die Abnutzung des Gelenks im Vordergrund. Von diesem Verschleiß ist vor allem der Knorpel betroffen. Zusätzlich kommt es zu Veränderungen am angrenzenden Knochen.

Steckbrief

BioRegionUlm
Förderverein Biotechnologie e.V.
Albert-Einstein-Allee 5
89081 Ulm

1997 gegründet, bildet der Verein die Plattform für die Fortentwicklung der Biotechnologie in der Region. Der Verein wird von Universität, IHK Ulm, Unternehmen sowie den Stadt- und Landkreisen der Region getragen.

Die BioRegionUlm
- fördert Zusammenarbeit von Wissenschaft und Wirtschaft
- berät bei Biotech-Existenzgründungen
- fördert den Nachwuchs
- informiert und betreibt Öffentlichkeitsarbeit

DAMIT REINIGUNGSROBOTER SICH IN DEN WEITEN DES WOHNZIMMERS NICHT VERLAUFEN, BENÖTIGEN SIE EINE LEISTUNGSFÄHIGE SENSORIK. DIE FORM DES UNIVERSUMS IST EINE WEITERE FRAGE, MIT DER SICH ULMER WISSENSCHAFTLER BESCHÄFTIGEN. NEUARTIGE FINANZPRODUKTE GEHÖREN EBENSO ZU DEN THEMEN DIESES KAPITELS WIE SUPERSCHARFE KLINGEN, BESSERE LERNMETHODEN FÜR DIE SCHULEN UND DIE FRAGE, WAS TROPISCHE WIRBELSTÜRME, STRASSENNETZE UND BIOLOGISCHE ZELLEN MITEINANDER ZU TUN HABEN. IN ULM WIRD EIN WEITES FELD WISSENSCHAFTLICH ABGESTECKT.

GRENZENLOS

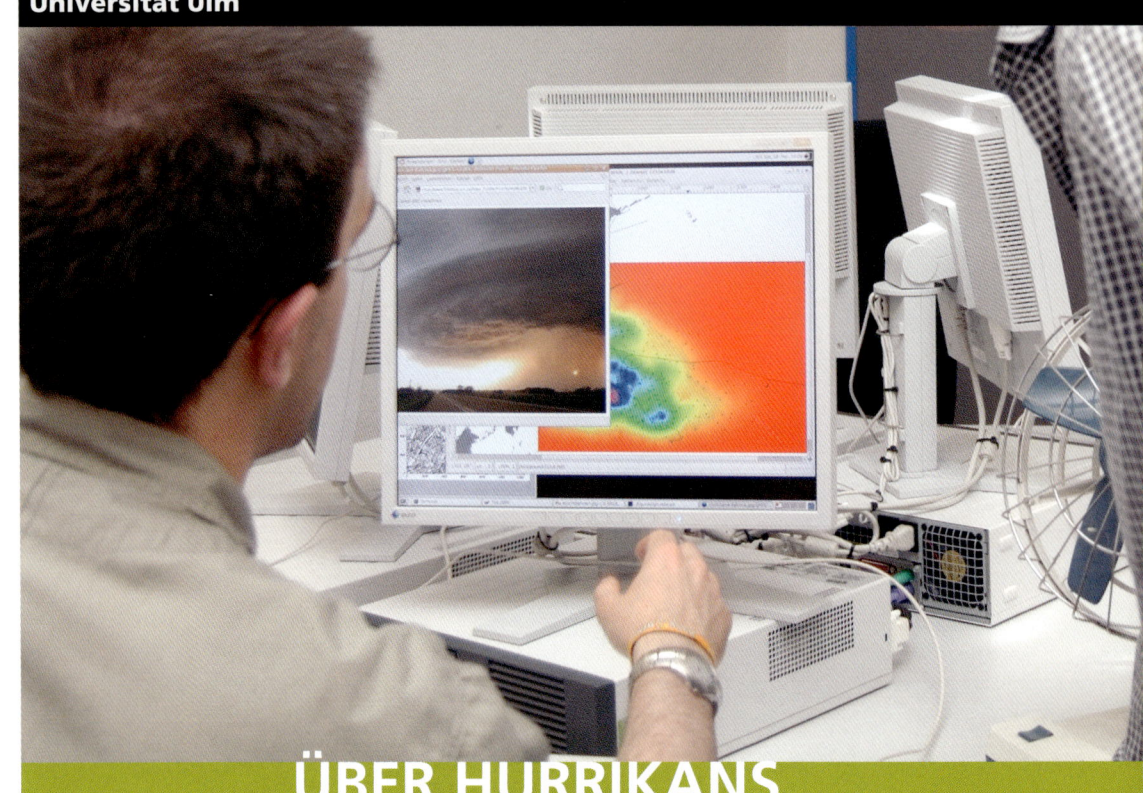

ÜBER HURRIKANS, DIE STRASSEN VON PARIS UND ZELLSKELETTE

Was haben tropische Wirbelstürme, Straßennetze und biologische Zellen miteinander zu tun? Alle diese Phänomene können mit ähnlichen mathematischen Methoden untersucht werden – und sind somit ein Fall für die Wissenschaftler der Abteilung Stochastik.

Die Ulmer Mathematiker nutzen dabei die Tatsache, dass diese Phänomene ähnliche räumliche Strukturen ausbilden, die sich jeweils nur in ihren Größenordnungen unterscheiden. Interesse an diesen Forschungen hat nicht zuletzt die Versicherungswirtschaft.

Tropische Wirbelstürme bereiten den Versicherungen jährlich immense Kosten. Eines der jüngsten Beispiele hierfür ist der Hurrikan „Katrina", der New Orleans verwüstet hat. Die Analyse der Zugbahnen von Wirbelstürmen ist somit ein besonders aktuelles Thema.

In Kooperation mit der Münchener Rück AG werden Simulationsmodelle entwickelt, mit deren Hilfe zukünftige Sturmszenarien und die dabei entstehenden Schadenshöhen prognostiziert werden können. Basis sind vorhandene Daten von früheren Stürmen. So entstehen Tausende von Wirbelstürmen – zum Glück nur im Computer!

1 und 2 | Plan-Studien und Simulationsmodelle erlauben Kostenschätzungen

→
BERECHNUNGEN NACH (STADT-)PLAN
Ulmer Mathematiker nehmen die Straßensysteme von Großstädten wie Paris unter die Lupe. Denn städtische Telekommunikationsnetze verlaufen vorwiegend entlang von Straßen. Ziel eines gemeinsam mit der France Telecom R&D durchgeführten Projekts ist es, die komplizierten Netzstrukturen auf die entscheidenden Kenngrößen zu reduzieren. Damit wird eine schnelle, aber dennoch präzise Einschätzung der Kosten ermöglicht, die bei der Entwicklung zukünftiger Netzgenerationen entstehen.

→
ZELL-NETZWERKEN AUF DER SPUR
Die Forscher der Abteilung Stochastik interessieren sich auch für lebende Materie. In Zusammenarbeit mit Medizinern und Naturwissenschaftlern werden etwa Protein-Netzwerke in biologischen Zellen analysiert. Mit Hilfe von mikroskopischen Aufnahmen und statistischer Bildanalyse werden wesentliche Merkmale dieser Netzwerke im Computer nachgebildet. Auf diese Weise können wichtige Informationen über die Entstehung und Auswirkungen von Krankheiten, z.B. bestimmter Krebsarten, gewonnen werden.

Steckbrief

Universität Ulm
Abteilung Stochastik
Helmholtzstraße 18
89069 Ulm

Kontakt
Prof. Dr. Volker Schmidt

Forschungsgebiete
räumliche Statistik, statistische Bildanalyse, Simulation, stochastische Geometrie

Die Forschungsergebnisse der Abteilung Stochastik wurden mit der Verleihung des Merckle-Forschungspreises 2005 an Prof. Dr. Volker Schmidt und Jun.-Prof. Dr. Evgueni Spodarev gewürdigt.

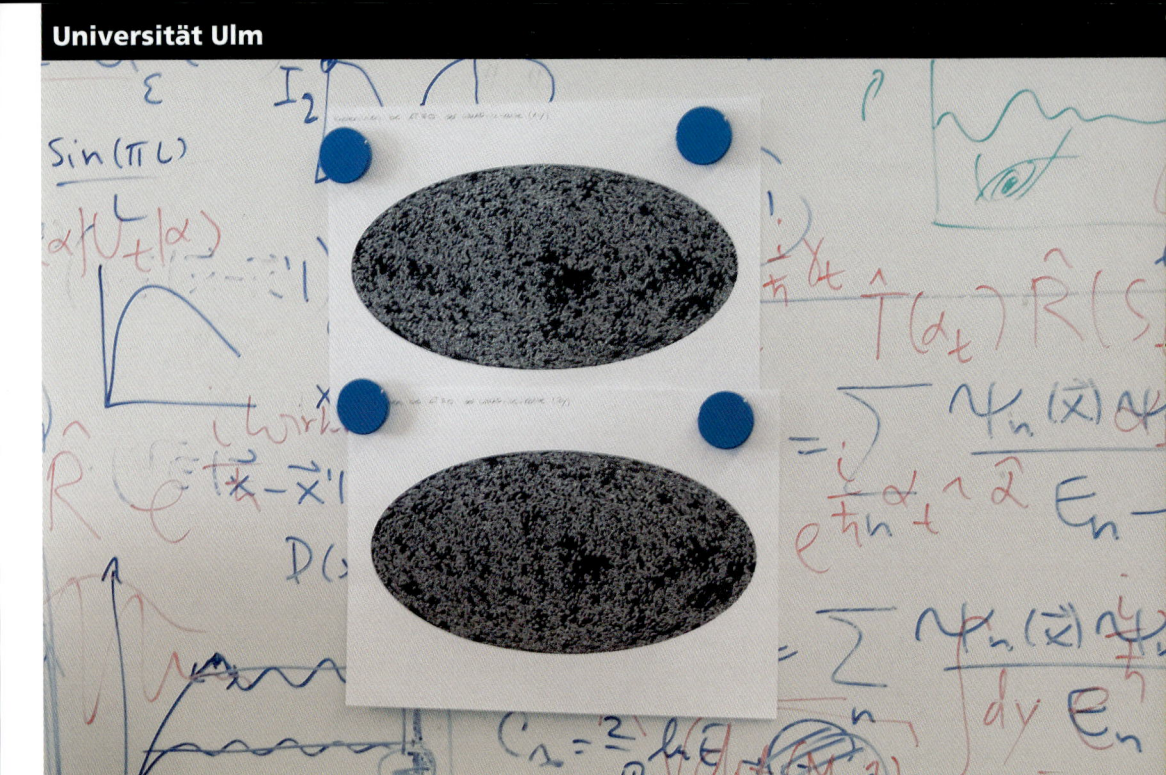

DIE FORM DES UNIVERSUMS UND DIE DUNKLE ENERGIE

Die Allgemeine Relativitätstheorie stellt Albert Einsteins größte wissenschaftliche Leistung dar. Sie ist Grundlage der Untersuchungen in der Abteilung Theoretische Physik auf dem Gebiet der Kosmologie, das heißt der Physik des Weltalls als Ganzes. Untersucht werden die zeitliche Entwicklung und Expansion des Universums vom Urknall bis heute.

Die Geburt der modernen Kosmologie wurde 1917 durch Albert Einstein in einer Epoche machenden Arbeit eingeleitet. Das Einstein-Universum ist ein zeitlich unveränderliches Universum mit endlichem Volumen, jedoch ohne Rand – ähnlich der Oberfläche einer Kugel.

Im Vordergrund der Arbeiten der Ulmer Wissenschaftler um Prof. Frank Steiner steht die Erklärung der neuesten Experimente zur kosmischen Mikrowellen-Hintergrundstrahlung und der Helligkeitsmessungen von Supernovae. Mit Hilfe des NASA-Satelliten WMAP wurde die Temperaturverteilung der kosmischen Hintergrundstrahlung gemessen, die etwa 380.000 Jahre nach dem Urknall entstanden ist. Es handelt sich somit um das älteste beobachtete Signal des frühen Universums („Echo des Urknalls").

Die beobachteten Temperaturschwankungen rühren von Dichteschwankungen der verschiedenen Materie- und Energieformen unmittelbar nach dem Urknall vor etwa 13,7 Milliarden Jahren her. Diese Schwankungen sind verantwortlich für die gesamte Strukturbildung im Universum, also für die Bildung von Sternen und Galaxien.

Die Dichteschwankungen verhalten sich wie die Schwingungen in einem Musikinstrument (Trommel, Violine) und bestehen aus einer Überlagerung von Tönen und Obertönen. Genau wie bei einem Musikinstrument hängen die Schwingungen von der Form und Größe des Universums ab. Durch Untersuchung der Mikrowellenhintergrundstrahlung können deshalb Aussagen über die Form des Universums gemacht werden.

1 bis 3 | Physiker suchen nach der Form des Universums und diskutieren die ermittelten Ergebnisse

→
UNIVERSUM EXPANDIERT BESCHLEUNIGT
Die Analyse der Supernovae-Daten ergab, dass das Universum sich heute in einer Phase beschleunigter Expansion befindet. Zur Erklärung dieses überraschenden Ergebnisses wird angenommen, dass die Energiebilanz des Universums heute von einer mysteriösen Energie dominiert wird. Man bezeichnet sie als Dunkle Energie. In den Untersuchungen wurden zwei mögliche Formen für die Dunkle Energie eingehend studiert:
- Einsteins kosmologische Konstante
- die so genannte Quintessenz – ein zeitabhängiges, über das ganze Weltall gleichmäßig verteiltes Feld.

Zukünftige Messungen werden zeigen, welche dieser beiden Möglichkeiten im Universum vorliegt.

Steckbrief

Universität Ulm
Abteilung Theoretische Physik
Albert-Einstein-Allee 11
89081 Ulm

Leiter
Prof. Dr. Frank Steiner

Mitarbeiter
Dr. Ralf Aurich, Dr. Holger Then,
Dipl.-Phys. Christine Fix,
Dipl.-Phys. Holger Janzer,
Dipl.-Phys. Sven Lustig

Forschungsgebiete
Kosmologie, Quantenchaos,
Geschichte der Physik

InMach Intelligente Maschinen GmbH

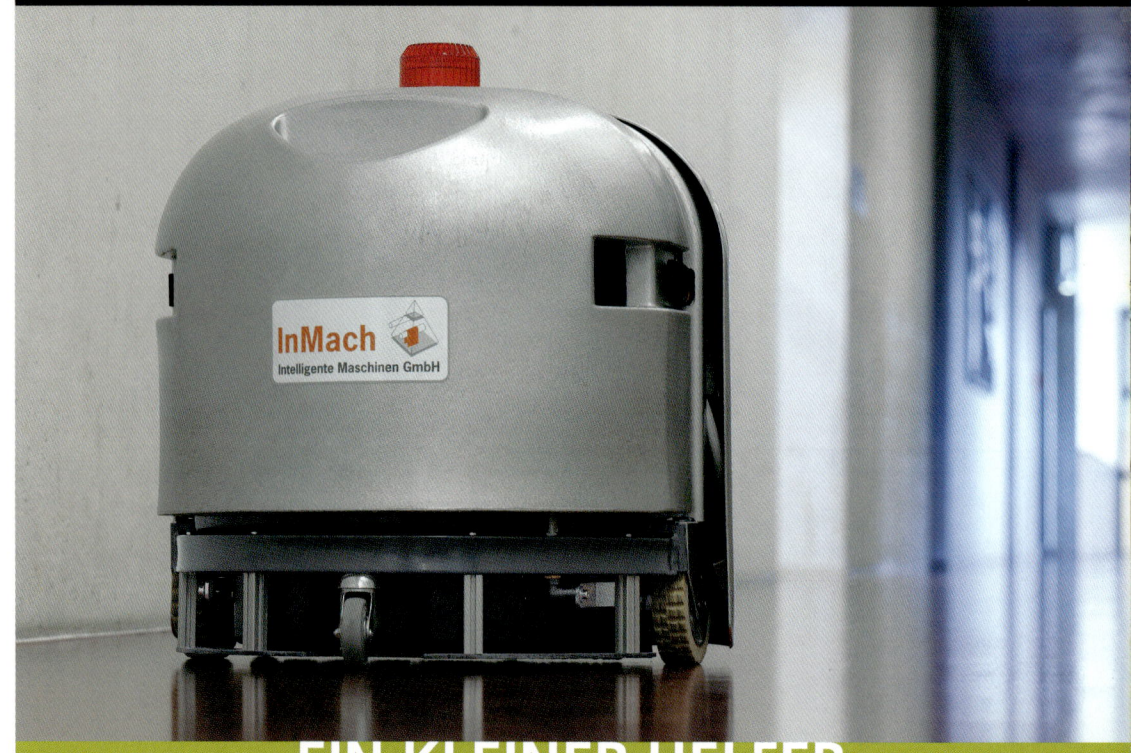

EIN KLEINER HELFER FÜR DIE KEHRWOCHE

Ein alter Traum der Menschheit: Die lästige Kehrwoche wird von einer Maschine erledigt. Durch die InMach Intelligente Maschinen GmbH aus dem Ulmer Science Park ist er jetzt ein Stück weit Realität geworden. Die junge Firma hat einen Putzroboter entwickelt. Und ein Kollege von diesem beherrscht das Rasenmähen.

Das Ziergrün vor dem Energon, worin die junge Firma ihren Sitz hat, ist stets kurz geschoren. Der dienstbare Geist, der dahinter steckt, ist ein Roboter. Solche „technischen Systeme", so die Überzeugung des InMach-Teams, werden in Zukunft noch viel mehr Aufgaben erledigen. Zum einen, weil's ökonomisch günstiger ist. Zum andern, um Menschen von unangenehmen, schmutzigen oder gar gefährlichen Reinigungs-, Inspektions- und Wartungsaufgaben zu entlasten.

Für solche Service-Roboter sieht die Firma ein großes Marktpotenzial. In naher Zukunft würden die Umsatzzahlen höher liegen als bei klassischen Industrierobotern.

Mehrere Voraussetzungen waren zu erfüllen, damit die Service-Roboter die Grenze zur Wirtschaftlichkeit überstiegen: Fortschritte in der Sensortechnik und Halbleitertechnologie. Außerdem Entwicklungserfolge im Bereich der Robotik und Mensch-Maschine-Interaktion.

Die InMach Intelligente Maschinen GmbH verfügt über einen starken konzeptionellen sowie mathematischen Background. Nicht weniger wichtig sind langjährige Erfahrungen in der Robotik, gesammelt in Industrie- und Verbundforschungsprojekten. Das von InMach entwickelte Roboter-Navigations-Baukastensystems ist so konzipiert, dass es für eine breite Vielfalt von Roboterplattformen im Indoor- und Outdoor-Bereich leicht adaptiert werden kann.

Das Team ist interdisziplinär besetzt. Sein Schwerpunkt liegt im IT- und Engineering Sektor. Das Ziel lautet: In Kooperation mit etablierten Firmen Serviceroboter zur Marktreife zu führen und nachhaltig wirtschaftlich zu vermarkten.

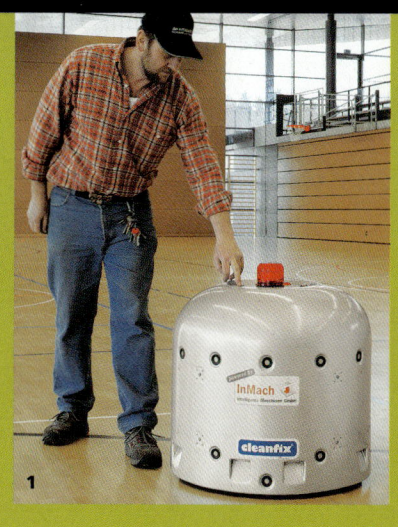

1 | Kleiner Helfer – ein Putzteufel
2 | Formschönes Design

→
HIGH-TECH-REINEMACHEMANN
Bei dem Reinigungsroboter „robo40" handelt es sich um einen Schrubb-Roboter. Er ist für den professionellen Reinigungseinsatz vorgesehen, beispielsweise in Turnhallen, Messehallen und Supermärkten.

→
KURZRASENSCHNITT OHNE MÄH-MÜHEN
Mähroboter sind überall einsatzbereit, wo Rasen wächst. Sie verrichten ihren Dienst in privaten Anwesen und Anlagen wie Sportplätzen, Parks und Golfplätzen.

→
ER MUSS WISSEN, WO ER IST
Worin besteht eigentlich die Hauptschwierigkeit bei der Entwicklung von Servicerobotern? Sie müssen in der Lage sein, ihre Umgebung sensorisch wahrzunehmen und die eigene Position darin zu bestimmen. Aus Kosten- und Robustheitsgründen sind viele der bisherigen Sensoren nicht einsetzbar. InMach gelang es, die nötigen einfacheren Sensoren zu finden. Sie ermöglichen dem Roboter eine eingeschränkte, aber ausreichende „Sicht" – vergleichbar mit der eines Menschen, der mit verbundenen Augen seine Umgebung ertastet.

Steckbrief

InMach
Intelligente Maschinen GmbH
Lise-Meitner-Straße 14
89081 Ulm

Gründungsjahr
2003

Mitarbeiter
7

Ausgründung des Forschungsinstituts für anwendungsorientierte Wissensverarbeitung (FAW Ulm).

Angebotene Dienstleistungen:
– Innovations-Scoutings
– Consulting- und Entwicklungsdienstleistungen in den Bereichen Embedded Systems
– Automotive/Umgebungssensierung
– Radio Frequency Identification (RFID), Satellitenortung (GPS, DGPS) und Wireless Applications

Projekt
Partner im Forschungsprojekt „Leitinnovation Servicerobotik", initiiert vom Bundesministerium für Bildung und Forschung (2005 bis 2008).

Institut für Finanz- und Aktuarwissenschaften

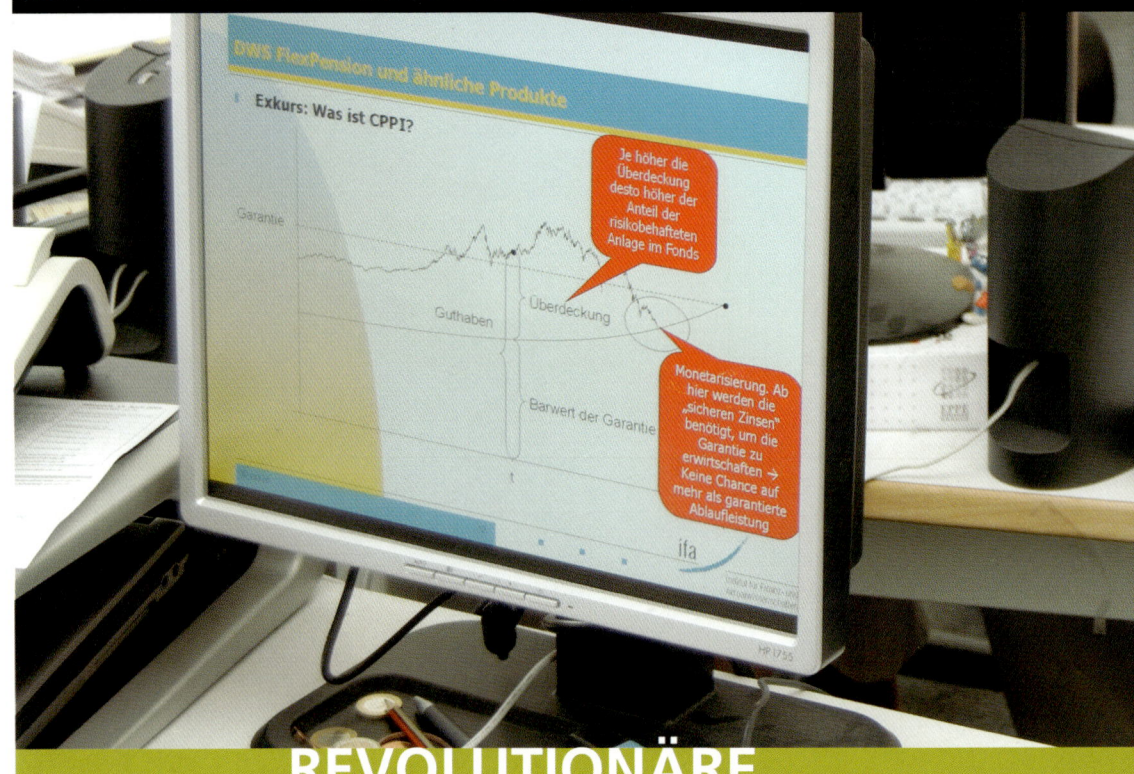

REVOLUTIONÄRE PRODUKTIDEEN FÜR DIE ALTERSVORSORGE

Wer Geld fürs Alter anlegt, hat vor allem ein Ziel: hohe Erträge bei geringen Risiken. Die Quadratur des Kreises? Die Finanzmathematiker des Ulmer Instituts für Finanz- und Aktuarwissenschaften haben eine neue Generation von Garantiefonds initiiert, die eine Antwort auf dieses Problem bieten.

Traditionelle Garantiefonds nutzen die Chancen von Aktien nur teilweise, schalten dafür aber das Verlustrisiko aus. Das heißt, man bekommt auf jeden Fall – auch bei schlechter Börsenentwicklung – sein Geld zurück. Konzeptionsbedingt sind solche Fonds nur für die einmalige Anlage größerer Summen geeignet.

Dem im Ulmer Science Park ansässigen Institut ist es nun in Zusammenarbeit mit einer französischen Großbank gelungen, mit Hilfe komplexer Finanzmathematik eine neue Form von Garantiefonds zu entwickeln. Wie bisher hat der Kunde bei dieser ebenfalls die Gewähr, zum Ende der Ansparphase mindestens seine eingezahlten Beiträge zurückzubekommen.

Neu ist, dass monatlich eingezahlt werden kann. Hierdurch wurde es erstmalig möglich, Garantiefonds auch für den breiten Markt der Altersvorsorge attraktiv zu machen. Der besondere Clou aber ist eine Höchststandsabsicherung: Einmal pro Monat wird der Kurs des Garantiefonds betrachtet. Sofern er zu diesem Zeitpunkt einen neuen Höchststand erreicht hat, wird dem Kunden dieser Wert zum Ablauf garantiert.

Vorteil für die Kunden: Diese Fonds sind – trotz der Garantien – potenziell während eines großen Teils der Laufzeit in Aktien investiert und eröffnen somit ein entsprechendes Chancenpotenzial.

Banken und Versicherungen konnten mit dieser neuartigen Fonds-Konzeption in den zurückliegenden Monaten enorme Markterfolge erzielen. Da es keinen Patentschutz auf Finanzprodukte gibt, ist die Ulmer Fonds-Idee dann sehr schnell von mehreren Banken kopiert worden.

Das Ulmer An-Institut bilanziert: „Unsere Garantiefonds stellen inzwischen ein Standardprodukt in der Altersvorsorge in Deutschland dar. Ihr Volumen wird schon bald eine Milliarde Euro übersteigen."

→
STÄNDIG STEIGENDE LEBENSERWARTUNG:
Wer Altersvorsorge-Konzepte berechnet, muss sich mit der Lebenserwartung beschäftigen. Die Lebenserwartung im jeweils „gesündesten" Land der Welt steigt seit 1840 unaufhaltsam. Diesen Spitzenrang nimmt derzeit – mit einer Lebenserwartung von über 85 Jahren – Japan ein. Verblüffend ist, dass die Zunahme der Lebenserwartung seit über 150 Jahren sehr genau drei Monate pro Jahr beträgt. Ein Ende dieses Trends ist nicht abzusehen.

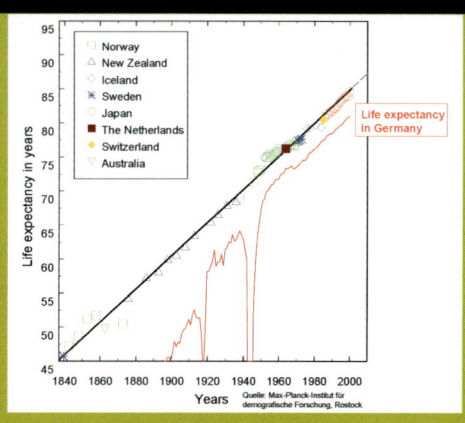

Entwicklung der Lebenserwartung

→
DER HANDEL MIT „GEBRAUCHTEN" LEBENSVERSICHERUNGEN
Wussten Sie, dass Lebensversicherungsverträge in Deutschland im Schnitt mit einer Laufzeit von 28 Jahren abgeschlossen werden? Und dass nur etwa die Hälfte der Verträge tatsächlich den Ablauftermin erreicht? Für den Kunden ist eine Kündigung vielfach unattraktiv, da oft Stornoabschläge und Steuern fällig werden. Anstelle einer Kündigung kann eine Versicherung aber auch einfach verkauft werden – wie ein gebrauchtes Auto. In Großbritannien war dies schon lange möglich, in Deutschland jedoch bis 1999 undenkbar. Mit Hilfe von Versicherungs-Analysen des Ulmer Instituts konnte sich dieses Geschäftsmodell auch hier etablieren und den Versicherungskunden in Deutschland ganz neue Möglichkeiten bei finanziellen Problemen oder verändertem Versicherungsbedarf eröffnen.

→
DIE „VARIABLE ANNUITY"
Bei Rentenbeginn haben die meisten Deutschen zurzeit noch eine Lebenserwartung von deutlich mehr als 20 Jahren. Die Ulmer Mathematiker halten diesen Zeithorizont für lange genug, um bei einem Eintritt in den Ruhestand Teile seines Geldes in chancenreiche Kapitalanlagen zu investieren. Vor diesem Hintergrund haben sie eine neue Art von Rentenversicherung, die so genannte „Variable Annuity", erfunden. Bei solchen Versicherungen bleibt das Geld des Rentners in Fonds investiert. Die Versicherung bezahlt garantiert lebenslang eine Rente (im Gegensatz etwa zu einem Fondsauszahlplan). Die Höhe der Rente hängt jedoch vom Kursverlauf der gewählten Fonds ab. Durch Verbindung dieser Idee mit den Garantiefonds nach Ulmer Konzept ist es möglich, ein Absinken der Rentenhöhe zu vermeiden. Entweder die Rente bleibt von einem Monat zum nächsten gleich – oder sie steigt. Der Rentner hat somit kein Kursverlustrisiko, partizipiert aber an den Chancen der Kapitalmärkte.

Steckbrief

Institut für Finanz- und
Aktuarwissenschaften
An-Institut der Universität Ulm
Helmholtzstraße 22
89081 Ulm

Gründungsjahr
1993
Sitz
Science Park I

Geschäftsführer
Dr. Jochen Ruß,
Dr. Andreas Seyboth

Mitarbeiter
rund 25 (Wirtschafts-)
Mathematiker

Themen
Fragen und Analysen rund um die Lebensversicherung und Altersvorsorge, etwa Beratung bei der Einschätzung versicherungs- und finanzmathematischer Risiken

Kunden
Versicherungsunternehmen, Banken, Investmentgesellschaften, Versorgungseinrichtungen sowie Unternehmen aus dem Gebrauchtpolicenmarkt aus dem In- und Ausland

Standortvorteil
Kooperationsmöglichkeit mit der Universität Ulm und Nähe zu ihren Absolventen; die Universität zählt in der Wirtschaftsmathematik-Ausbildung international zu den führenden Adressen.

Gesellschaft für Diamantprodukte

SCHÄRFER, GLATTER UND PRÄZISER

Die Gesellschaft für Diamantprodukte hat ihren Sitz im Science-Park, ist noch klein, hat aber Großes vor: Sie will mit ihrer jüngsten Entwicklung, dem ersten Uhrwerk aus künstlichem Diamant, ins Guinness-Buch der Rekorde.

Für Peter Gluche und André Flöter, die Chefs des fünfköpfigen Teams, ist der Hightech-Werkstoff ein Schlüssel zum Eintritt in viele Bereiche: Im Operationssaal ist künstlicher Diamant ebenso nutzbar wie in der Industrie oder in der Sparte Luxusuhren. Ein Schweizer Hersteller ist auf die Ulmer aufmerksam geworden und baut in seine Nobeluhren ein Uhrwerk aus synthetischem Diamant ein – gefertigt in Ulm. Dieses ist härter, leichter und zugleich elastischer als ein vergleichbares aus Metall oder Silizium. Ergebnis ist eine Uhr, die präziser geht und weniger häufig aufgezogen werden muss als Zeitmesser mit einem konventionellem Innenleben.

Die GFD, so das Kürzel der Firma, hat den Werkstoff in enger Kooperation mit dem „WMTech-Kompetenzzentrum für Werkstoffe der Mikrotechnik der Uni Ulm" entwickelt und dafür einen renommierten Innovationspreis eingeheimst. Die genaue Fertigungsmethode ist streng geheim, sie beruht auf einem Plasma-Verfahren. Mit Hilfe von Schablonen und ätzenden Gasen ist die Herstellung winzigster und hochpräziser Teile aus dem Diamant-Rohling möglich.

Künstlicher Diamant besitzt zwar nicht den materiellen Wert und die magische Aura von Naturdiamant, aber dieselben Eigenschaften: Er ist bis in mittlere Temperaturen chemisch völlig resistent, extrem hart, extrem temperaturleitfähig, mit extrem geringer Klebeneigung. Diese Kombination von Eigenschaften eröffnet weitere Einsatzfelder. Überall, wo extrem scharfe und harte Schneiden benötigt werden, könnten diese aus Diamant sein.

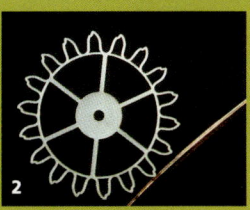

1 | Diamant im Uhrwerk
2 | Zahnrädchen aus Kunstdiamant
3 | Bei der Entwicklung

→
SCHÄRFER GEHT NICHT
Technische Schneidklingen werden in nahezu allen technischen Bereichen genutzt. Für das Trennen von Papier, Textilien, Kunststoff- und Metallfolien steht den Produzenten ein Arsenal an Klingen zur Verfügung. Gefertigt aus Metall, Hartmetall oder Keramik haftet ihnen allerdings der Nachteil an, dass sie zu schnell verschleißen und verkleben. Der GFD ist es gelungen, konkurrenzfähige Klingen mit Diamantüberzug zu entwickeln. Eine große Rolle spielt dabei ein eigenentwickeltes Plasma-Schärfverfahren, das extrem scharfe und haltbare Klingen ermöglicht. Nach GFD-Angaben besitzen diese gegenüber konventionellen Klingen eine mehr als zwanzigfache Lebensdauer.

→
HÄRTE IN WERKZEUGFORM
Der GFD gelang es mittlerweile, das ursprünglich für Diamantklingen entwickelte Plasma-Schärfverfahren auch für erste Anwendungen im Werkzeugbereich erfolgreich anzupassen. Denn solch scharfe und standfeste Diamantschneiden eignen sich ebenfalls hervorragend für Operationen mit hohen Schnittgeschwindigkeiten wie etwa beim Schlichten (Zerspanung), Drehen, Fräsen, Bohren oder der Gewindebearbeitung. Der Einsatz der neuen Werkzeuge kann neben der erhöhten Bearbeitungsgeschwindigkeit auch noch zu einer Verringerung des Schmiermittelverbrauchs führen. Noch kann nicht jede Werkzeuggeometrie mit der neuen Schärfe versehen werden. „In absehbarer Zeit werden wir das Verfahren aber auf viele neue Geometrien und Anwendungen erfolgreich adaptieren", sagt GFD-Geschäftsführer Dr. Peter Gluche.

Steckbrief

GFD Gesellschaft für
Diamantprodukte mbH
Lise-Meitner-Straße 13
89081 Ulm

Gründungsjahr
1999
(Ausgründung aus der Universität Ulm bzw. dem DaimlerChrysler-Forschungszentrum)

2001
Erste Produkte (Skalpelle für die Chirurgie)

2003
Konzentration auf technische Produkte

Heute
Weltweit führender Hersteller von Diamantmikrobauteilen und diamantbeschichteten und geschärften Schneidklingen.

Transferzentrum für Neurowissenschaften und Lernen (ZNL)

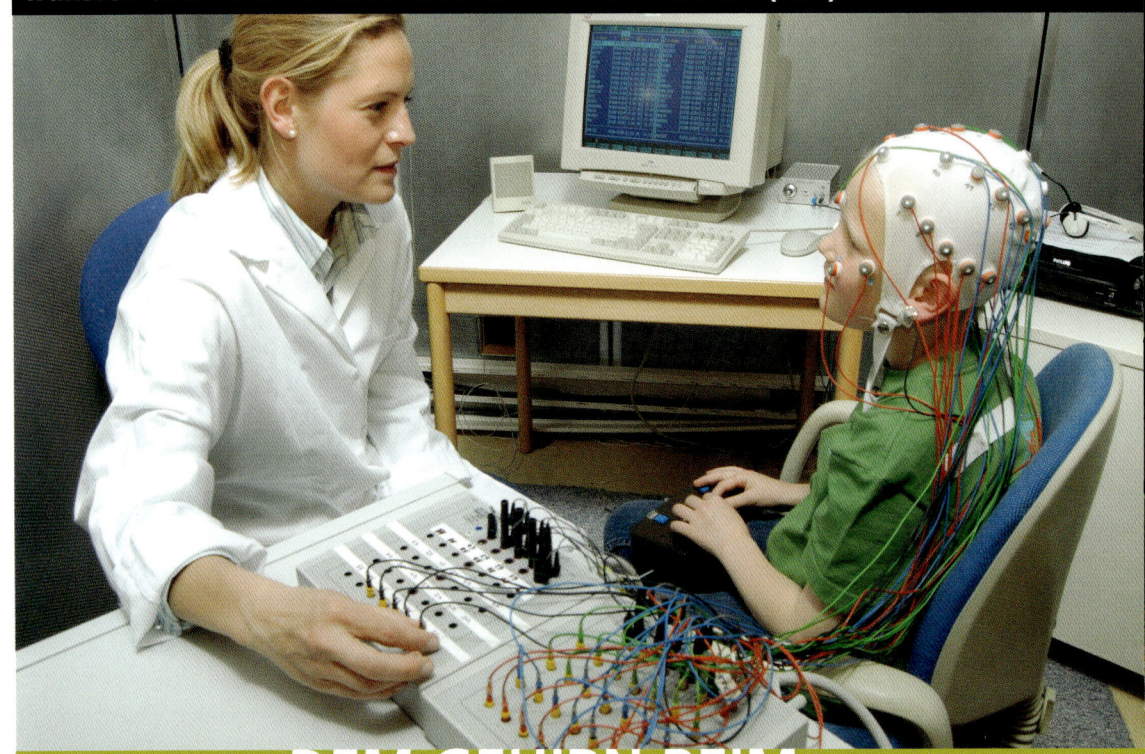

DEM GEHIRN BEIM LERNEN AUF DER SPUR

Über 20 Wissenschaftler unterschiedlicher Fachrichtungen betreiben am ZNL Grundlagen- und Anwendungsforschung und arbeiten intensiv mit Praktikern verschiedener pädagogischer Einrichtungen zusammen. Das unter der Leitung von Prof. Dr. Dr. Manfred Spitzer stehende Institut wurde 2004 gegründet und ist der Universität Ulm angeschlossen.

Erkenntnisse der Neurowissenschaften werden vor allem auf das frühe Lernen in Kindergarten und Schule übertragen, aber auch zum Lernen in der Aus- und Weiterbildung sowie im Alter wird geforscht. Das ZNL verfügt über ein weitgespanntes Netzwerk mit Praktikern, das der Umsetzung von Forschungsprojekten wie auch der Weiterleitung der Erkenntnisse in die Bildungseinrichtungen dient. Das ZNL qualifiziert Lehrer im Bereich Neurowissenschaften & Lernen und entwickelt mit ihnen gemeinsam Materialien zur Fortbildung von Lehrkräften.

Die Integration von Gehirn- und Bildungsforschung steht weltweit erst an ihrem Anfang. Die bisherigen Ergebnisse machen jedoch vielfältige Bezüge deutlich, von denen wichtige Impulse für richtiges und besseres Lernen ausgehen können.

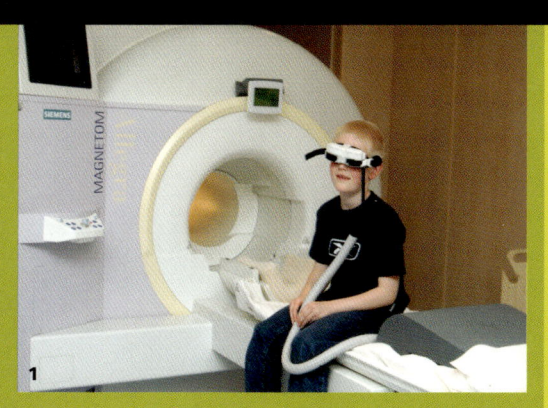

1 | Das Lernen messen
2 | Online-Spiel mit Förder-Funktion

→
LERNEN UND GEDÄCHTNIS
Den Ulmer Wissenschaftlern ist der Nachweis gelungen, dass sich Versuchspersonen Begriffe besser merken konnten, wenn sie in einer angenehmen Stimmung lernten. Doch Lernen geschieht nicht nur während der Beschäftigung mit einem Gegenstand, sondern auch später, wenn das, was gelernt wurde, unbewusst weiterverarbeitet wird. Am ZNL wird untersucht, welchen Einfluss die Tätigkeit hat, die unmittelbar auf den Lernvorgang folgt. Dafür werden Schüler nach einer gemeinsamen Lernsitzung in drei Gruppen aufgeteilt: Eine Gruppe entspannt sich mit leichten Körperübungen. Eine zweite Gruppe füllt Aufgabenblätter aus dem Fach Mathematik aus. Eine dritte Gruppe schaut einen spannenden Film an. Anschließend werden alle drei Gruppen getestet, was sie von der vorangegangenen Lerneinheit noch behalten konnten. Das ZNL ist dabei, Erkenntnisse aus der Grundlagenforschung für die Anwendung in der Schule zu überprüfen. Letztlich geht es darum, die Rhythmisierung des Lerntags in der Schule gestalten zu helfen.

→
PROJEKT CASPAR
CASPAR ist eine Internetplattform zur computergestützten Diagnostik und Förderung von Vorläuferfertigkeiten für den Schriftspracherwerb. Bereits bei Kindergarten-Kindern können vielfältige kognitive Ursachen erkannt werden, die später zur Entwicklung einer Lese-Rechtschreibstörung führen können. Zur Aufdeckung dieser Ursachen werden vom ZNL eigens entwickelte online-Spiele eingesetzt, deren Ergebnisse automatisch ausgewertet und rückgemeldet werden. So kann z.B. die Fähigkeit, ganz ähnlich klingende Laute erfolgreich zu unterscheiden, durch geeignete interaktive Medien trainiert werden: Korallenbucht und Fische-Spiel heißen die Spiele, die übrigens auch Kindergärten zur Verfügung stehen. Durch die ständigen Rückmeldungen von Nutzerdaten und Ergebnissen werden die Materialien überdies kontinuierlich verbessert.

→
FERNSEHEN MACHT DUMM UND DICK
„Fernsehen macht schlauer" – nach Überzeugung von Prof. Manfred Spitzer ein vorschnell gezogenes und dabei grundfalsches Urteil. Der Ulmer Hirnforscher führt Studien an, die eindeutig belegen: Fernsehen führt zu schlechteren schulischen Leistungen. Die Erklärung: Die Welt des Fernsehens ist arm verglichen mit der wirklichen Welt. Doch je mehr Erfahrungen ein kleines Kind macht, desto mehr und deutlichere Spuren bilden sich in seinem Gehirn. Die Wissenschaftler sprechen von „Neuroplastizität". Diese „Spuren" stehen in unmittelbarem Zusammenhang mit der Ausprägung des Individuums, seinen Erfahrungen, Gewohnheiten und Fähigkeiten. Hinzu kommt: Wer viel vor der „Glotze" sitzt, ist körperlich weniger aktiv, pflegt in der Regel schlechtere Essgewohnheiten und verbraucht weniger Energie.

Steckbrief

Transferzentrum für Neurowissenschaft und Lernen (ZNL)

Beim Alten Fritz 2
89075 Ulm

Direktor
Prof. Dr. Dr. Manfred Spitzer

Tätigkeitsspektrum der Abteilungen
Forschung im Bereich der grundlagenorientierten Neurowissenschaften und der Lehr- und Lernforschung an Kindergärten, Schulen und in der Erwachsenenbildung.
info@znl-ulm.de

Fachhochschule Ulm

ROBOTER AUF DEM RECHTEN WEG

Wer träumt nicht einem Roboter, der lästige Hausarbeiten erledigt? Noch sind solche dienstbaren Geister mit vielen Aufgaben überfordert und daher Zukunftsmusik. Aber Spezialisten der Fachhochschule Ulm um den Informatik-Professor Christian Schlegel arbeiten daran.

Eines der Schlüsselprobleme ist die Orientierung. Soll ein Roboter etwa ein vollgestelltes Wohnzimmer saugen oder putzen, muss er dreierlei wissen: Wo bin ich? Wie komme ich dorthin? Wo war ich bereits? Er muss somit in der Lage sein, eine Karte seines Einsatzgebietes zu zeichnen und darauf seine Eigenposition zu bestimmen. Entscheidend ist, mit welcher Sensorik ein solcher Service-Roboter ausgestattet ist.

- Relativ preisgünstig sind Ultraschallsensoren. Ihr Nachteil: Verfälschungen durch Schallreflexionen, so dass nur mit schwierigen Rechenregeln stimmige Karten gebaut werden können
- Eine weitere Möglichkeit ist der Einsatz von Laser-Scannern. Mit bis zu 10.000 Messungen pro Sekunde tasten sie die Umgebung ab. Allerdings versagen diese bei Glasfronten und sind dazu noch zu teuer.
- Dritte Möglichkeit: Videokameras. Diese sind zwar preisgünstig. Doch auch da sind zahlreiche Probleme noch völlig ungelöst, etwa die Gewinnung von Entfernungsinformationen.

Nobody is perfect, und Roboter schon gar nicht. Sie machen Fehler bei der Ausführung ihrer Aktionen wie bei der Wahrnehmung ihrer Umgebung. Voraussetzung für erfolgreiche Ansätze ist somit die Fähigkeit zum Umgang mit unsicherer und unvollständiger Information.

Lösungen versprechen sich die Ulmer Wissenschaftler mit „entscheidungsfähigen, intelligenten Systemen". Sie setzen dabei stark auf den Bereich der Wahrscheinlichkeitsrechnung.

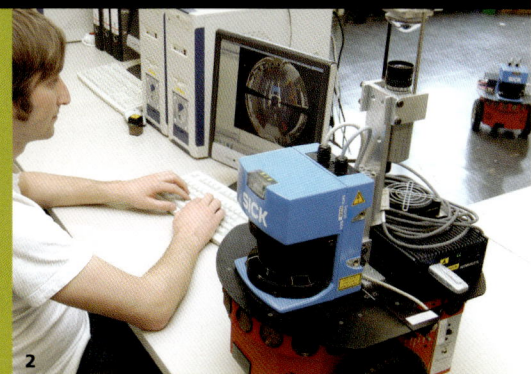

1 | Darf es was zu trinken sein?
2 | Roboter wird orientierungssicher gemacht

→
MACHBARKEIT UNTER BEWEIS GESTELLT
Wie kann ein Roboter in die Lage versetzt werden, gleichzeitig eine Karte zu erstellen und seine Position zu bestimmen? Mit dieser Frage beschäftigt sich das Labor „Echtzeitsysteme und Autonome Roboter" an der FH Ulm. Als Basis dienen Winkelinformationen zu bestimmten „Landmarken". Sie können der Schlüssel für preisgünstige Lösungen sein. Durch erste Erprobungen in der Laborumgebung ist die Machbarkeit des Ansatzes nun erwiesen.

→
WEITES FELD AN ANWENDUNGEN
Die Versuchsroboter sind sowohl mit einer Videokamera als auch mit einem rotierenden Laser ausgestattet. Entwickelte Lösungen sind dabei keineswegs auf die Service-Robotik beschränkt. Sie können bei vielen Fragestellungen anspruchsvoller Systeme weiterhelfen.

Steckbrief

Fachhochschule Ulm
Institut für Informatik,
Fachgebiet „Echtzeitsysteme und Autonome Roboter"

Prittwitzstraße 10
89075 Ulm

Leiter
Prof. Dr. Christian Schlegel

Arbeitsgebiete
Echtzeitsysteme, Embedded Systems, Autonome Roboter

Fachhochschule Ulm

FORSCHEN FÜR DIE ANWENDUNG

Forschung an der Fachhochschule Ulm ist anwendungsorientiert und industrienah. Sie ist unverzichtbar im Beziehungsnetz zwischen Hochschule und Wirtschaft und wird seit mehr als einem Jahrzehnt im Institut für Angewandte Forschung (IAF) gebündelt.

AUTOMATISIERUNG UND SIGNALVERARBEITUNG
- Wie kann man die Einzelteile eines Produktes mit Funk-Chips versehen und mit ihrer Hilfe den Fertigungsprozess zum Endprodukt verfolgen?
- Mit welcher Methode lässt sich am besten die Schallabstrahlung von Getriebegehäusen in Automobilen messen und simulieren, um die Getriebe geräuschärmer zu machen?
- Wie kann beim automatisierten Verpackungsvorgang die Lage eines Behälters erkannt werden?

Mit solchen Fragen beschäftigen sich die Wissenschaftler am IAF. Zu den Lösungen, die sie fanden, zählen berührungslose Sensoren von Simulationsinstrumenten, welche die Erprobung eines realen technischen Ansatzes erlauben. Oder eine originelle Kombination von Messprinzipien. Oftmals gibt die Industrie konkrete Aufgabenstellungen vor, die dann in Projekten mit öffentlicher oder privater Förderung bearbeitet werden.

MEDIZINTECHNIK UND MEDIZININFORMATIK
Bei den Forschungsprojekten im medizinischen Umfeld kommen neben Unternehmen auch Kliniken und Forschungsinstitute als Partner hinzu. Ziel ist stets, die Technik von Diagnose und Therapie zuverlässig und patientenfreundlich zu gestalten.

- Wie muss ein tragbares EKG-Gerät gebaut sein, das der Patient kaum spürt?
- Welche Anforderungen muss eine Box erfüllen, in der empfindliche Gewebeproben transportiert werden?
- Wie kann bei Stürzen von älteren Menschen frühzeitig Hilfe alarmiert werden?

Die technischen Lösungen führen zu Innovationen, die auf der intelligenten Vernetzung von Mechanik, Informatik und Elektronik basieren.

VOM PROTOTYPEN ZUM SERIENPRODUKT
Um die technischen Lösungen aus dem IAF zur Anwendung oder als Serienprodukt auf den Markt zu bringen, gibt es viele Wege.
- Dies kann durch das Unternehmen selbst geschehen, das den Auftrag erteilt.
- Oftmals wird dazu aber auch eines der 14 Steinbeis-Transferzentren an der Fachhochschule Ulm genutzt.
- Oder es kommt zu Ausgründungen, wobei neue Unternehmen von Hochschulabsolventen für die Weiterentwicklung und den Vertrieb eines Prototypen gegründet werden.

Der Schall wird mit dem
Mikrofon gemessen

→
GETRIEBE FÜR FLÜSTERER
Durch die Kombination verschiedener Berechnungsverfahren lässt sich voraussagen, auf welche Rippen und Verstärkungen nicht verzichtet werden kann, damit ein Getriebegehäuse besonders wenig Schall abstrahlt. Berechnungsmodelle, wie sie am IAF entstehen, sind für die Industrie eine wertvolle Hilfe, um geräuscharme Getriebegehäuse zu entwickeln.

→
SPIELEND LAUTE UNTERSCHEIDEN LERNEN
Die Entwicklung von Systemen zum Lernen, Lehren und Analysieren sind ein wichtiges Forschungsgebiet am IAF. Das Projekt CASPAR entsteht in Zusammenarbeit mit der Universität Ulm. Die verlangsamte Verarbeitung ähnlich klingender Laute ist eine Hauptursache für eine Lese-Rechtschreib-Störung. Gemeinsam mit dem Transferzentrum für Neurowissenschaften und Lernen arbeiten Wissenschaftler des IAF an einem computergestützten Verfahren zur Defizitanalyse und Sprachförderung, bei dem die akustischen Reize in kindgerechte Spielszenen eingebettet sind.

Steckbrief

Institut
für Angewandte Forschung
Dachorganisation für die
Forschungsaktivitäten an der
Fachhochschule Ulm

Wissenschaftlicher Leiter
Professor Dr.-Ing. Wolfgang Schroer
Gegenwärtig bringen 22 Professoren
ihre Projekte in das Institut ein.

Arbeitsgebiete
Automatisierung und Signalverarbeitung, Technik und Informatik in der Medizin, IT-Sicherheit und verteilte Systeme sowie Energietechnik.

Kooperationspartner und Auftraggeber
Kleine und mittelständische Unternehmen ebenso wie Großindustrie, Universitätskliniken ebenso wie Spezialkliniken aus ganz Deutschland und Teilen Europas

Fachhochschule Neu-Ulm

STARK DER PRAXIS ZUGEWANDT

Schwerpunkte der Fachhochschule Neu-Ulm sind die Cluster Logistik, Gesundheitsmanagement, Informationsmanagement und Mediengestaltung. Darüber hinaus engagiert sich die Hochschule überdurchschnittlich im Bereich Weiterbildung. Diese Profilierung soll auch in Zukunft weiter ausgebaut werden.

Zum Profil der jungen Hochschule Neu-Ulm gehört ihr starker Praxisbezug. Dies schließt die Einbindung der Wirtschaft und vieler Institutionen der Region in ihre Aufgaben mit ein.

Eine Besonderheit des Studiums sind die beiden praktischen Studiensemester. Sie sind in das Studium integriert, der Studentenstatus wird dabei beibehalten.

Derzeit werden drei Diplom- und zwei MBA-Studiengänge angeboten. Dazu kommen die zwei MBA-Studiengänge in der Weiterbildung.

Neu im Programm ist der Diplomstudiengang „Informationsmanagement und Unternehmenskommunikation". Den Studierenden werden genau die Kenntnisse vermittelt, die in Unternehmen heute und morgen benötigt werden, um sich im Wettbewerbsumfeld einer Informationsgesellschaft erfolgreich positionieren zu können.

→
BLINDENHÖRBÜCHEREI NEU IN SZENE GESETZT
50 angehende „Informationsmanager" an der FH Neu-Ulm haben in einer Projektarbeit für die Bayerische Blindenhörbücherei (BBH) ein „Komplettprogramm" erstellt. Der Verein versorgt in Bayern rund 17.000 blinde und sehbehinderte Menschen mit Hörbüchern. Auch wenn das Internet fast ausschließlich ein visuelles Medium ist, so nutzen viele blinde und sehbehinderte Menschen mit Hilfe von Software, die den Seiteninhalt ausliest, das WorldWide-Web intensiv:
- Entwickelt wurde eine Corporate Identity mit einer entsprechenden Farbwelt, einem Logo und einem zeitgemäßen Webdesign.
- Ein Team beschäftigte sich mit der Frage, wie ein Markom-Konzept für diesen gemeinnützigen Verein aussehen kann.
- Eine weitere Gruppe gestaltete eine barrierefreie Internetseite. Diese bietet den Betroffenen die Möglichkeit, auf den über 10.000 Titel umfassenden Katalog von Hörbüchern zuzugreifen und online die gewünschte Literatur zu bestellen.
- www.bbh-ev.org ist eine vorzügliche Darstellung eines ganzheitlichen Kommunikationskonzeptes und zeigt die Leistungsfähigkeit der Studierenden des Studienganges Informationsmanagement und Unternehmenskommunikation in ganz besonderem Maße.

→
INTERDISZIPLINÄR EIN KRANKENHAUS MANAGEN
An der FH Neu-Ulm werden mehrere Krankenhäuser entstehen – nicht real, sondern als Computersimulation. Sie dienen Studierenden der Studienrichtung Gesundheitsmanagement der FH Neu-Ulm zusammen mit Medizinstudenten der Uni Ulm zum praktischen Training ihrer Fertigkeiten. Die interdisziplinär besetzten Gruppen stehen vor vielfältigen Aufgaben: Sie müssen Fallzahlen steuern, Personal umschichten, in Qualität und Ablaufoptimierung investieren. Über allem wacht ein – ebenfalls fiktiver – Aufsichtsrat. Er prüft die Jahresergebnisse der Kliniken, die Qualität der Leistungserstellung, aber auch die strategische Zielerreichung und die Präsentation. Nebeneffekt des Projekts ist, dass die Controller und die Mediziner nicht erst im tatsächlichen Arbeitsleben aufeinander treffen. Um Entscheidungen zu ringen und miteinander zu kommunizieren, wird so bereits während des Studiums eingeübt.

Steckbrief

Fachhochschule Neu-Ulm
Steubenstraße 17
89231 Neu-Ulm

MitarbeiterInnen
30 ProfessorInnen, 42 Verwaltungsangestellte

Studierende derzeit 1.726

Studiengänge
Betriebswirtschaft und Wirtschaftsingenieurwesen, Informationsmanagement und Unternehmenskommunikation

In Kooperation mit der Fachhochschule Ulm
Wirtschaftsingenieurwesen,
Wirtschaftsinformatik,
Wirtschaftsingenieurwesen mit
Schwerpunkt Logistik

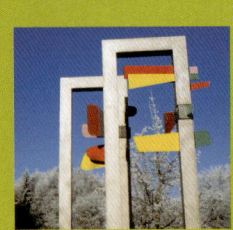

KUNSTPFAD

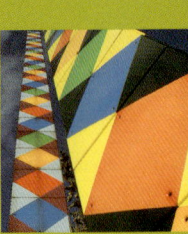

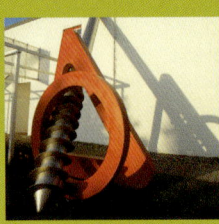

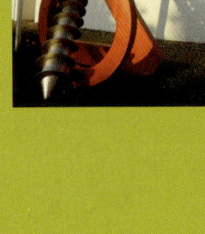

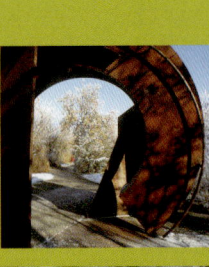

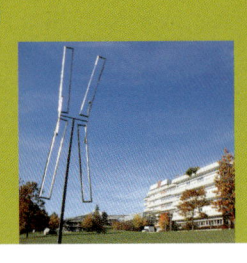

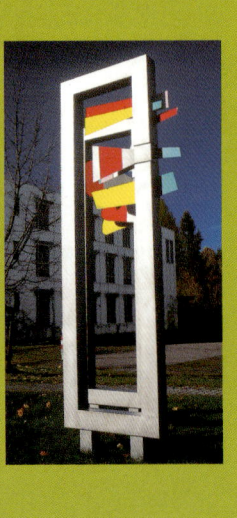

BOTANISCHER GARTEN

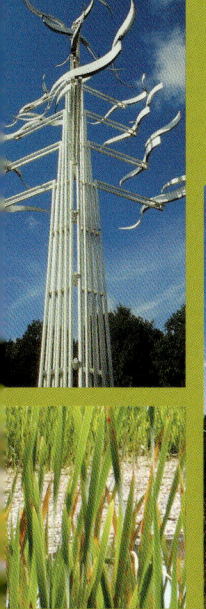

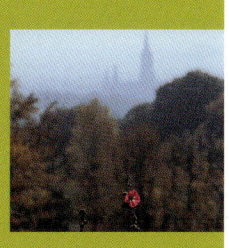

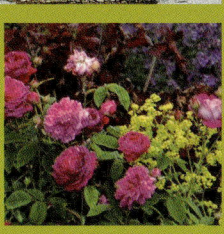

VERNETZUNG IST DER SCHLÜSSELBEGRIFF SCHLECHTHIN IN DER KOMMUNIKATION VON HEUTE UND VON MORGEN. MÖGLICHST VIELE ANGEBOTE ZU VERNETZEN, IST ZENTRALE VORAUSSETZUNG FÜR DIE HERAUFZIEHENDE WISSENSGESELLSCHAFT. MIT HILFE MODERNER TELEKOMMUNIKATION LASSEN SICH ABLÄUFE EFFIZIENTER GESTALTEN, KOSTEN SENKEN UND DIE LEBENSQUALITÄT – ETWA VON PATIENTEN – ERHÖHEN. ULM IST EINE HOCHBURG IN DER ENTWICKLUNG DER PASSENDEN TECHNOLOGIEN. HOCHGESCHWINDIGKEITS-BREITBAND-INFRASTRUKTUR, RADAR, HANDY, HOCHLEISTUNGS-CHIPS SIND EINIGE DER ENTSPRECHENDEN STICHWORTE.

KOMMUNIKATION

Universität Ulm

FOTOREALISMUS AUS DEM COMPUTER

Täuschend echt wirkende Spezialeffekte auf dem Bildschirm oder auf der Kinoleinwand ermöglicht ein mathematisches Verfahren, das die Computergrafik-Gruppe der Universität Ulm entwickelt hat.

Ob chromblitzende Karossen, die langen Schatten von Bäumen in der Abendsonne oder sogar künstliche Schauspieler aus dem Rechner – wegen des großen Aufwands blieb die künstliche Erzeugung solcher Motive am Computer bislang der Filmbranche und dem Designbereich (Automobilindustrie, Architektur etc.) vorbehalten.

Doch schon in naher Zukunft wird sich das ändern: Die Technik, Bilder am Computer zu generieren, die aussehen wie fotografiert, soll in den Alltagsbereich vordringen. Die Gruppe um den Informatiker Prof. Dr. Alexander Keller hat in Zusammenarbeit mit dem Berliner Unternehmen mental images ein geeignetes Verfahren dafür entwickelt.

Ausgehend von der mathematischen Beschreibung einer Szene, ermöglichen spezielle bei diesem Projekt entwickelte Algorithmen (Rechenregeln) dann am Rechner die Simulation beliebiger Beleuchtungssituationen. Berücksichtigt darin sind Licht, Schatten, Reflexionen sowie viele weitere optische Effekte.

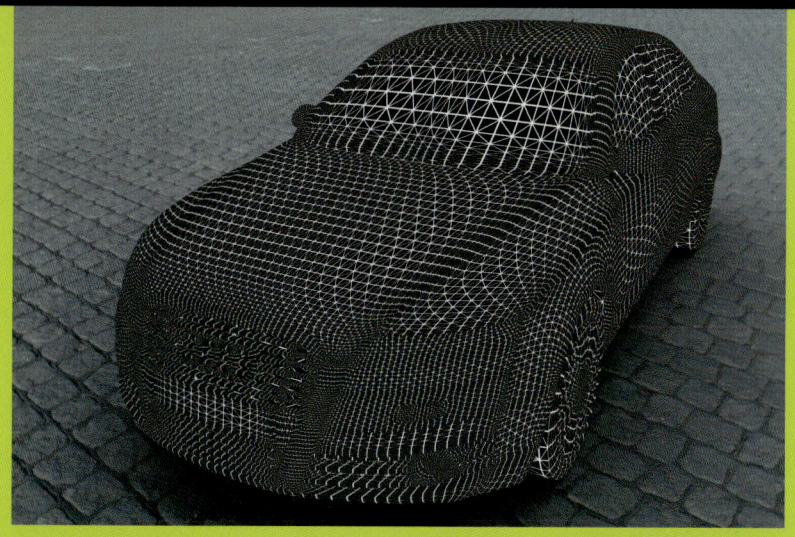

Ganz echt – und das virtuell

→
BILDER NACH DEM GLÜCKSSPIEL-PRINZIP
Die mathematischen Probleme der Bildsynthese sind so schwierig, dass man eine Lösung nur schätzen, aber nicht exakt berechnen kann. Da die Vorgehensweise dem Glücksspiel in einem Casino entspricht, brachte das den Namen „Monte-Carlo-Methoden" mit sich. Nun weiß aber jeder, dass man mit gezinkten Würfeln noch schneller und sicherer gewinnt. Diesem Prinzip folgend, werden die Bilder mit so genannten Quasi-Monte-Carlo-Methoden berechnet. Das Arbeiten mit dem getürkten Zufall führt hierbei zu erheblichen Verbesserungen der Rechengeschwindigkeit. In Folge entstehen die synthetischen Bilder schneller.

Steckbrief

Universität Ulm,
Abteilung Medieninformatik
Albert-Einstein-Allee 11
89081 Ulm

Zahl der Mitarbeiter
4

Forschungsgruppe
unter Leitung von Prof. Dr. Alexander Keller in Zusammenarbeit mit der Firma mental images, Berlin.

Das Projekt ist 2003 in den USA mit einem Technical Achievements Award und 2004 mit dem Kooperationspreis Wissenschaft-Wirtschaft der Universität Ulm ausgezeichnet worden.

Netz-Managementcenter von T-Com

SCHALTZENTRALE FÜR DAS INTERNET

T-Com betreibt im Science-Park eines der modernsten und leistungsfähigsten Netz-Managementcenter für die Internet-Plattform. Seit dem Jahr 2003 wird von hier aus der Großteil des Internetverkehrs in Deutschland und weltweit überwacht.

Das Netz-Managementcenter stellt die Verfügbarkeit der Kunden-Netze und Kunden-Anwendungen sicher. Es ist daher an 365 Tagen im Jahr rund um die Uhr in Betrieb.

Allein in den vergangenen zwei Jahren hat sich der Datenverkehr über dieses Netz verzehnfacht. Die Anwender generierten im Jahr 2004 ein Datenvolumen von 57.000 Terabytes pro Monat – das entspricht dem Inhalt von rund 11,6 Millionen DVD. Das macht deutlich, welche Bedeutung die Breitbandkommunikation für die Wirtschaft und die Gesellschaft hat. Dieses rasante Wachstum erfordert ein zentrales Netz-Management, welches den höchstmöglichen Qualitätsstandard im Netz sichert.

Zu den Kunden von T-Com auf der Plattform zählen neben T-Online weitere namhafte Internet Service Provider. Dazu Unternehmen mit eigenem Intranet, dem so genannten Virtual Private Network.

Rückblick: Noch vor zehn Jahren war das Internet eine Kommunikations- und Wissensdrehscheibe, die hauptsächlich von Wissenschaftlern genutzt und weiter entwickelt wurde. Heute gehört dieses „Netz" zum Alltag.

In Deutschland hat T-Com mit ihren Kommunikationsnetzen dafür die Basis gelegt. Zunächst war ISDN der bevorzugte schnelle Internetzugang für Privatpersonen. Ab 2000 begann dann der Siegeszug des schnellen Breitbandzugangs mit T-DSL.

T-Com betreibt heute die größte integrierte und auf dem Internetprotokoll basierende Plattform der Welt und stellt für mehr als 15 Millionen Endnutzer den Internet-Zugang bereit.

1 | Heute schon das Büro von morgen
2 | Markante avantgardistische Bauform

Steckbrief

Netz-Managementcenter
von T-Com
Lise-Meitner-Straße 4
89081 Ulm

T-Com ist ein strategisches
Geschäftsfeld der Deutschen
Telekom AG

UNTERNEHMEN VOR INTERNET-KRIMINELLEN SCHÜTZEN

Die Gegenwart der Kommunikation sieht auf den ersten Blick paradiesisch aus. Leider ist das Internet auch ein Paradies für Kriminelle! Doch die Beam AG, ein IT-Dienstleister aus dem Science Park, hat den Kampf aufgenommen.

Ein falscher Klick zur falschen Zeit und ein ganzes Computernetzwerk eines Weltkonzerns kann lahmgelegt sein. Der Schaden kann schnell in die Millionen Euro gehen.

Die Tricks der Betrüger werden immer raffinierter. Kaum ein Tag vergeht, an dem nicht eine gefälschte Mail einer Bank ins Haus flattert. Wer leichtsinnigerweise seine Kennung fürs Online-Banking preisgibt, dem fehlen hinterher die Euros auf dem Konto.

Das Feld der Wirtschaftskriminalität im Internet und der Unternehmens-IT ist um ein Vielfaches größer. Es reicht von IT-Spionage bis hin zur Erpressung von Firmen und Institutionen. Auf Initiative der Beam AG gründete sich im Jahr 2004 die Initiative zur Bekämpfung von Computer- und Internetkriminalität.

Das IT-Systemhaus hat sich einen Namen als Sicherheitsspezialist geschaffen. Sein Sicherheitsprogramm „beam : securegateway" wird europaweit vermarktet. Es optimiert den Schutz von Unternehmens-Netzwerken vor Angriffen. Bereits mit der Version 1.0 gelang es, einen neuen Sicherheitsstandard für die Netzwerktechnologie zu setzen. Mit der Version 2.0 kamen weitere Funktionen hinzu.

1 | Fingerabdrücke helfen bei der Identifizierung
2 | Minicomputer „beam : mobile"

→
MIT E-LEARNING FIT IM DATENSCHUTZ
Unternehmen können nun einfacher denn je der gesetzlich vorgeschriebenen Verpflichtung nachkommen, ihre Mitarbeiter im Datenschutz zu schulen. Die Beam AG hat ein passendes Lernprogramm entwickelt. Es entstand in Abstimmung mit den Datenschutzbeauftragten der Auftraggeber – den Firmen Alcatel, Behr, Porsche, Voith und Zeiss. Sie sind Mitglied im Arbeitskreis Datenschutz im Südwestmetallverband. Die Unternehmen werden nun über 5000 Mitarbeiter über das Trainingsprogramm „beam : learning datenschutz" schulen. Die e-Learning-Plattform kann selbstständig und ortsunabhängig eingesetzt werden.

Steckbrief

Beam AG
Lise-Meitner-Straße 13
89081 Ulm

IT-Systemhaus

Gründungsjahr
1999

Mitarbeiter
etwa 25

Auszeichnungen
– Dienstleister des Jahres 2002
 (Preis des Landes Baden-Württemberg
 für die Entwicklung des Minicomputers
 „beam : mobile")
– 2. Platz beim Deutschen Internetpreis
 im Jahre 2002

Arbeitsgebiete
Netzwerkanbindung und weltweite Kommunikation von mittelständischen Unternehmen.

Weitere Schwerpunkte
Sicherheitstechnologie und Datenschutz.

Nokia Produktentwicklungszentrum Ulm

ALLES AUF EINE KARTE – MOBILE KOMMUNIKATION

Der finnische Konzern Nokia hat einen beachtlichen Wandel hinter sich. Auf dem Weg zu einem der führenden Gestalter im Bereich mobiler Kommunikation spielte auch das Produktentwicklungszentrum in Ulm eine wichtige Rolle.

Nokia ist in Ulm seit 1998 präsent. In diesem Jahr übernahm der Konzern die Ulmer Niederlassung von Matra/Nortel und verband damit ein Ziel: die Steigerung der Innovationskraft des GSM-Trends.

Rückblende: Matra/Nortel widmeten sich schon zu AEG Zeiten der Entwicklung von D-Netz Geräten der 1. und 2. Generation. Noch zu Beginn der 1990er Jahre fristete die mobile Telekommunikation nicht mehr als ein Nischendasein. Das änderte sich, als GSM aufkam – ein digitaler Standard, der sich in vielen Ländern weltweit gegenüber den analogen Netzen durchzusetzen vermochte. Damit eröffnete sich eine bis dahin beispiellose Wachstumschance. Nokia ergriff sie. Der Konzern nimmt für sich in Anspruch, mehr als nur eine Schlüsselrolle bei der Gestaltung dieser Industrie gespielt zu haben: „Nokia erfand sie mit!"

Bis dahin hatte das finnische Unternehmen, dessen Wurzeln im 19. Jahrhundert in der Papierindustrie lagen, einen langen Weg hinter sich gebracht.

Nokia konzentrierte sich fortan mit aller Energie und sämtlichen Ressourcen ausschließlich auf die mobile Telekommunikation. Es war eine wachstumsorientierte Strategie. 1993 entwickelte Nokia eine Produktserie mit Telefonen, die sowohl im GSM-Netz als auch im US-amerikanischen und japanischen Standard funktionierten. Der Zukauf in Ulm geschah während dieser raschen Expansionsphase.

Das von Nokia zum Auslieferungsbeginn genannte Verkaufsziel von 400.000 Mobiltelefonen wurde seinerzeit als ambitioniert bis lächerlich betrachtet. Tatsächlich setzte Nokia 20 Millionen Stück ab – das Unternehmen war auf seinem Weg.

Heute, nach dem raschen Ausbau der Netze, gibt es weltweit eine Milliarde Mobilfunkteilnehmer. Für die Industrie haben sich damit die Bedingungen verändert. Nach wie vor ist die Sprachtelefonie ein Segment mit signifikantem Wachstum. Doch ist sie heute nur noch ein Bereich von vielen. Die Komplexität der mobilen Endgeräte hat sich stark erhöht. TV, Musik, Spiele, Fotografie und geschäftliche Anwendungen kamen als Funktionen hinzu. Gleichzeitig haben sich die Produktzyklen stark verkürzt.

→
ENTWICKLUNGSZENTRUM IM ULMER SCIENCE PARK

Im Jahr 2000 bezog Nokia in Ulm sein eigenes Produktentwicklungszentrum im Science Park II, wo nun rund 350 Menschen angestellt sind. Es ist Teil des weltweiten Nokia Netzwerks und spielt darin eine bedeutende Rolle.

Steckbrief

Nokia GmbH / Produkt-
entwicklungszentrum Ulm

Lise-Meitner Straße 10
89081 Ulm

Mitarbeiter
weltweit rund 55.000, in Deutschland rund 3.500, in Ulm rund 350.

Nokia in Deutschland
Produktentwicklungszentren in Ulm und Bochum, Handyproduktion in Bochum, Vertrieb in Düsseldorf, Entwicklungszentrum für Netzinfrastruktur in Düsseldorf.

Alle Geschäftseinheiten arbeiten in globalen Netzwerken und ihre Entwicklungen fließen in globale Endprodukte ein. Weltweit arbeitet heute ein Drittel der Mitarbeiter von Nokia im Bereich Forschung & Entwicklung.

Siemens AG

UMTS MIT TURBOLADER

Im Science Park II entwickeln und testen die rund 230 Mitarbeiter am Ulmer Standort von Siemens Mobile Networks die Infrastruktur für den Mobilfunkstandard UMTS. Die Entwickler sind dabei, die Datenautobahn nochmals schneller zu machen.

Auf der Datenautobahn herrscht Hochbetrieb. Ob Video-Clips, Musik, Wetter-Service, Fahrpläne oder Ergebnisse der Bundesliga – immer größere Datenmengen jagen über den Äther, um Handys und Laptops mit den gewünschten Informationen zu füttern. Diese Dienste haben einen immer gewaltigeren Bedarf an Bandbreite. Damit es nicht zu Datenstaus kommt, setzt Siemens beim drahtlosen Zugang zum Internet auf „Highspeed Downlink Packet Access" (HSDPA). Diese Hochgeschwindigkeitstechnologie ermöglicht nicht nur ein nochmals höheres Tempo bei der Datenübertragung, sondern schafft auch Mobilität.

HSDPA ist eines der Schwerpunktthemen am Siemens-Standort Ulm und verspricht, zum Markt der Zukunft zu werden. Die in Zusammenarbeit mit dem japanischen Partnerunternehmen NEC entwickelten einzelnen Bestandteile dafür werden hier am Standort zu einem Gesamtsystem zusammengebaut und auf „Herz und Nieren" geprüft. Für den reibungslosen Einsatz in den Mobilfunknetzen werden von verschiedenen Handyherstellern Prototypen von Mobiltelefonen für gemeinsame Tests der neuesten Funktionen bereitgestellt. Bereits Anfang Februar 2005 ist es in Ulm erstmalig gelungen, einen Datentransfer über HSDPA auf ein Notebook zu präsentieren.

→
FORMEL 1 AUF DER DATENAUTOBAHN
Als Hochgeschwindigkeitstechnologie ergänzt HSDPA im Gegensatz zu WLAN (Wireless Local Area Network) die bestehende standardisierte Mobilfunktechnologie UMTS (Universal Mobile Telecommunications System). Der Datenturbo HSDPA baut direkt auf UMTS auf und bietet eine bis zu zehnmal höhere Übertragungsrate im Vergleich zum normalen UMTS: HSDPA ist die Formel-1-Technologie unter den Mobilfunktechnologien. Sie bietet dem Nutzer uneingeschränkte Bewegungsfreiheit und ermöglicht Downloads in Höchstgeschwindigkeit – überall und jederzeit.

→
IDEALE TESTBEDINGUNGEN
Sind alle Bestandteile zu einem Ganzen integriert, gilt es, das System unter möglichst realen Bedingungen zu prüfen. Die Ulmer haben zwei Antennenstandorte für Tests. Sie dürfen in Lizenzabkommen mit Vodafone und T-Mobile deren Frequenzbereiche nutzen. Mittels der Tests „über Luft" können Fehler gefunden werden, die bei herkömmlichen Tests mit Kabel nicht auftreten. Dadurch kann verhindert werden, dass ein Fehler erst im Einsatz beim Kunden gefunden wird. Schon 2005 konnte hier der Nachweis von Datenübertragungen mit 950 kilobit pro Sekunde auf der Autobahn erbracht werden.

Steckbrief

Siemens AG
Lise-Meitner-Straße 7/2
89081 Ulm

Die Siemens AG (Berlin und München) ist ein weltweit führendes Unternehmen der Elektronik und Elektrotechnik.

Über 400.000 Mitarbeiter weltweit, am Standort Ulm im Entwicklungszentrum für Mobilfunktechnologie rund 230 Mitarbeiter.

Der Bereich Communications, zu dem das Ulmer Entwicklungszentrum gehört, bietet ein umfangreiches Portfolio innovativer Lösungen für die Sprach- und Datenkommunikation. Das Angebot reicht vom Endgerät über Netzinfrastrukturen bis hin zu Dienstleistungen für Unternehmen, Mobilfunk- und Festnetzbetreiber.

HOCHLEISTUNGSRADARE IM MINIATUR-FORMAT

Die UMS ist Chip-Produzent und als Joint Venture des Ulmer EADS-Geschäftsbereichs Verteidigungselektronik und der französischen Firma Thales in der Wissenschaftsstadt ansässig. 80 UMS-Mitarbeiter fertigen hochmoderne Chips für den Hoch- und Höchstfrequenzbereich.

Ein Großteil der EADS-Beschäftigten in Ulm ist mit der Entwicklung und Fertigung von hochkomplexen Sensoren, elektronischen Selbstschutz-Systemen und Avionik („Flugzeugelektronik") befasst. Die UMS (United Monolithic Semiconductors) ist einer der wichtigen strategischen Partner bei der Komponentenfertigung.

Der EADS-Standort Ulm gehört mit insgesamt 2.500 Beschäftigten zu den großen Werksanlagen des internationalen Luft-, Raumfahrt- und Verteidigungstechnikkonzerns. Das Werk gilt als die deutsche „Radarhochburg" und ist ein unverzichtbarer Partner vieler Streitkräfte. Die für die EADS in Ulm bedeutsamsten Produkte der UMS sind winzig kleine Signalverstärker zum Senden und Empfangen von Radarsignalen. Diese Chips werden in der so genannten „Microwave Factory" der EADS beispielsweise in Sende- und Empfangs-Module integriert.

Ein einziges dieser Module ist im Prinzip ein eigenständiges kleines „Mini"-Radar mit einer Größe deutlich kleiner als der EADS-Firmenausweis. In künftigen Radaren der nächsten Technologie-Generation – wie dem Eurofighter-Radar – sind jeweils hunderte bis tausende dieser Hightech-Schlüsselelemente zusammengefasst.

UMS-Chips werden auch für zivile und Nischenanwendungen produziert. Beispiele dafür sind intelligente Tempomaten, die den Abstand zum vorausfahrenden PKW messen und korrigieren oder Radare zur Abstandsmessung beim Einparken. Zum Einsatz kommen sie ferner bei verschiedenen Telekommunikationsanwendungen, in Satellitenradaren oder bei der Straßengebührenerfassung. Dieser Geschäftsansatz hat sich in den letzten Jahren als sehr erfolgreich erwiesen.

1 und 2 | Arbeiten im Reinraum

Steckbrief

United Monolithic
Semiconductors GmbH
Wilhelm-Runge-Straße 11
89081 Ulm

Mitarbeiter
80

Arbeitsgebiete
Fertigung von Chips in unterschiedlicher Ausprägung.

United Monolithic Semiconductors (UMS) ist ein rechtlich selbstständiges Joint-Venture von EADS-Deutschland und Thales (Frankreich)

NANOMETER-STRUKTUREN AUF BESTELLUNG

Wer heute ein Mobiltelefon benutzt oder im Internet surft, bedient sich mit hoher Wahrscheinlichkeit der Nanostrukturen von xlith, ohne etwas davon zu wissen. Die junge Firma mit langjähriger Expertise zaubert per Elektronenstrahl ultrafeine Chipstrukturen.

Für die Kunden von xlith können die Dinge nicht klein genug sein. Denn die Rechenleistung ihrer Computer hängt von der Miniaturisierung zentraler Bauteile ab. Dabei gilt – je kleiner, desto schneller. Nanotechnologie macht's außerdem möglich, gleich Millionen von Schaltelementen auf einem lediglich fingernagelgroßen Halbleiter-Substrat (Silizium-Chip) unterzubringen.

Für Breitband-Kommunikation über Funk oder optische Netzwerke muss die Miniaturisierung noch viel weiter getrieben werden. Denn hier werden nochmals um ein Vielfaches schnellere Bauelemente gebraucht. Dazu muss die Strukturgröße im Bereich von unter 100 Nanometern liegen.

Wird gar der Dimensionsbereich von 50 Nanometer unterschritten, eröffnen sich völlig neue Möglichkeiten. Denn durch die feine Strukturierung ändern sich einige Materialeigenschaften so grundlegend, dass gänzlich neue Bauelemente auf der Basis dieser Nanostrukturen entstehen.

Bei der Erzeugung dieser Nanostrukturen kommt xlith ins Spiel. Die Firma besitzt das Know how, mittels eines fokussierten Elektronenstrahls die geforderten feinsten Strukturen in spezielle Kunststoffe einzuschreiben. Die Muster, rein äußerlich Computergrafiken aus dem Bereich der Kunst sehr ähnlich, sind Ausgangspunkt weiterer Verarbeitungsprozesse. Im Reinraum werden daraus Bauelemente wie Transistoren, Laser und Detektoren geformt.

xlith erreicht mittlerweile Strukturgrößen von unter 10 Nanometern und hat somit eine weltweit führende Position bei der Elektronenstrahl-Lithographie. Zum weltweiten Kundenkreis gehören industrielle Forschungslabors, Universitäten, Start-Ups und Hightech Firmen.

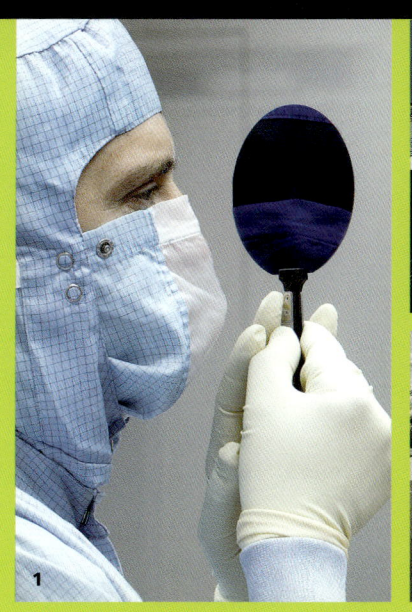

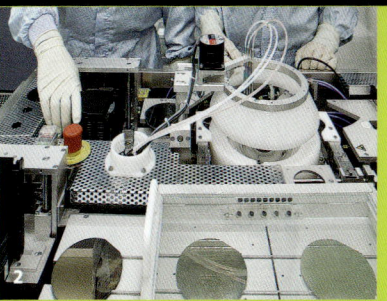

1 | Erster Check
2 | Arbeiten im Reinraum
3 | Maschinenpark

→
VIREN, MOLEKÜLE UND ATOME ALS MASSSTAB
„Nanos" heißt auf Griechisch „Zwerg". Im Nanokosmos sind jedoch selbst Wichtel Riesen. 1 Nanometer ist gerade einmal ein Millionstel Millimeter. Viren sind 10 bis 100 Nanometer groß. Moleküle und Atome liegen im Nanometer-Bereich. Ein Nanopartikel verhält sich zu einem Fußball so, wie ein Fußball zur Erdkugel. Bei der Nanotechnologie geht es um die Herstellung von Strukturen, die kleiner als etwa 100 Nanometer sind.

Steckbrief

xlith GmbH
Wilhelm-Runge-Straße 11
89081 Ulm

Mitarbeiterzahl
5

Arbeitsgebiete
Nanotechnologie, Mikroelektronik, optische Nachrichtentechnik und Photonik.

WISSENS-
GESELLSCHAFT

WENIGE INGENIEURE, ABER HUNDERTSCHAFTEN AN ARBEITERN. SO WAR ES FRÜHER. HEUTE HAT SICH IN VIELEN HIGHTECH-UNTERNEHMEN DAS VERHÄLTNIS LÄNGST UMGEDREHT. NICHT DIE KÖRPERLICHE ARBEIT, SONDERN DAS WISSEN DER MITARBEITER IST ZUR BASIS DES ÖKONOMISCHEN ERFOLGS GEWORDEN. DIE ÄRA DER „WISSENSGESELLSCHAFT" HAT LÄNGST BEGONNEN, IHRE AUSWIRKUNGEN SIND WEITHIN SPÜRBAR.

WISSEN SCHAFFT ZUKUNFT

Die Halbwertszeit des verwertbaren Wissens eines Unternehmens sinkt beständig. Durch den globalen Wettbewerb werden die Innovationszyklen für neue Produkte und Dienstleistungen immer kürzer.

Innovation macht aus Wissen Geld

Innovationsprozesse sind von überragender Bedeutung für Wohlstand und Beschäftigung. Deutschland ist ein Hochlohnland. In der weltweiten Konkurrenz hat die deutsche Wirtschaft dann Chancen, wenn die höheren Kosten und Preise durch bessere Lösungen und eine höhere Qualität gerechtfertigt werden können. Über die Voraussetzungen besteht ein breiter Konsens:
- Mehr Geld muss in die Forschung fließen.
- Neue Produkte und Verfahren müssen schneller auf den Markt gelangen.

Innovative Unternehmen gehen dazu über, bisher starre Strukturen in eine „lernende Organisation" umzuformen. Damit gelingt es eher, neues Wissen der Mitarbeiter und der Kunden schnellstmöglich gewinnbringend einzusetzen.

Die laufende Erweiterung der Wissenspotenziale bildet die Basis für Innovationen und sichert die Wettbewerbsfähigkeit. Immer stärker wird Wissensmanagement zum entscheidenden Erfolgsfaktor für Unternehmen und deren Beschäftigte. Es geht darum:
- Wissen schnell zu erschließen,
- bedarfsgerecht bereit zu stellen
- und fachübergreifend zu entwickeln.

Die Formel lautet: „Forschung macht aus Geld Wissen – Innovation macht aus Wissen Geld". Die Förderung von Innovationen und die Stärkung der Innovationskraft gehören daher zu den Hauptaufgaben, denen sich Wirtschaft wie Politik zu stellen haben.

→
MEHR JOBS FÜR HOCHQUALIFIZIERTE
Die Wissenschaftsstadt strahlt weit in die Region. Laut IHK Ulm haben die meisten der in der Region beschäftigten Entwicklungsingenieure ihre Ausbildung an den Hochschulen der Wissenschaftsstadt Ulm absolviert. In Ulm sind bereits über 13 Prozent der Beschäftigten Hochqualifizierte – Tendenz steigend. In den umliegenden Kreisen sowie im Landes- wie im Bundesdurchschnitt liegt der Anteil bei deutlich unter zehn Prozent. Dies unterstreicht, wie prägend die Wissenschaftsstadt für die Beschäftigtenstruktur von Ulm geworden ist. Das Institut Prognos spricht wegen der Vielzahl der Hochqualifizierten und dem guten Gründerklima über Ulm vom „Stillen Star Ulm".

→
CHANCEN FÜR „WISSENSARBEITER"
Schon ums Jahr 2010 werden wissensintensive Tätigkeiten den Arbeitsmarkt bestimmen. Dagegen wird es nochmals weniger Arbeitsplätze in der Produktion geben. Deren Anteil bei den Beschäftigten, so die Prognosen, wird nur noch um die 25 Prozent liegen.

ARBEITSGESELLSCHAFT DER ZUKUNFT

Neue Berufsmuster und Karrierebilder prägen zukünftig die Arbeitswelt, je mehr diese von Globalisierung und Digitalisierung durchdrungen wird. In der Wissenschaftsstadt Ulm lässt sich diese Entwicklung schon heute beobachten.

Der Arbeits- platz auf Lebens- zeit ver- schwin- det

Die Beschäftigtenbilanz der Hightech-Welt auf dem Oberen Eselsberg ist äußerst positiv, diese ist ein Jobmotor. Selbst in den schwierigeren Jahren seit dem Platzen der Internet-Börsenblase ist dieser kaum ins Stocken geraten. Die meisten Firmen und Einrichtungen haben ihren Personalstand zumindest gehalten, einige sogar weiter aufgebaut. Bei anderen gleicht die Kurve einem JoJo-Spiel, es geht rauf und runter – ein Spiegelbild von oft raschen Innovationszyklen und stark schwankenden Märkten. Manche Unternehmen eröffnen Abteilungen, die sie mit Erledigung eines Projektauftrags gleich wieder schließen.

Diese Trends zeichnen sich deutlich ab:
- Das Arbeiten in Projektteams wird immer wichtiger. Flexible Center- und Teamstrukturen treten an Stelle von festen Belegschaften.
- Teilzeitarbeit, Telearbeit, Leih- und Zeitarbeit, befristete Jobs oder Selbstständigkeit nehmen zu.
- Dauerhafte Beschäftigungverhältnisse hingegen gehen tendenziell stark zurück.

Bisher galt die Maxime: „Arbeite in einer festen Struktur, am fixen Ort und zu festgelegter Zeit." Künftig wird sie lauten: „Arbeite mit wem, wo und wann du willst." Die lebenslange Probezeit tritt an Stelle einer Dauerstelle. Die fortwährende Qualifikation in Selbstverantwortung wird immer wichtiger für die berufliche Karriere.

→
FACHKRÄFTE – VERZWEIFELT GESUCHT
Für das Institut der deutschen Wirtschaft steht es außer Frage: „Deutschland bleibt in naher Zukunft ein Produktionsstandort." Aber die Fabriken stehen still, wenn es an Know-how und an Fachkräften mangelt. Schon gibt es in der Ulmer Wissenschaftsstadt Stimmen, die zu wenig Nachwuchs aus den Hochschulen befürchten.
- Ein Viertel der Unternehmen sieht künftig einen steigenden Ingenieurbedarf.
- Nur sieben Prozent erwarten weniger Ingenieureinstellungen.

Etwa jedes vierte Unternehmen in den Branchen Chemie/Pharma, Elektrotechnik, Fahrzeugbau und Maschinen-/Anlagenbau ist bereits heute von Engpässen betroffen.

→
FABRIKEN VERÄNDERN SICH
Der Fabrikalltag ist in einem starken Wandlungsprozess: Die Qualität der Arbeit steigt, die Aufgaben werden anspruchsvoller. Einfache Handgriffe und monotone Tätigkeiten werden heute überwiegend von Maschinen erledigt. Einzelne Mitarbeiter werden in den hellen und sauberen Produktionshallen zu Teams zusammengefasst. Jeder erhält darin mehr Verantwortung für den Arbeitsprozess und das entstehende Produkt.

→
JOBMOTOR DIENSTLEISTUNGEN
Der Dienstleistungssektor ist in Deutschland immer noch zu wenig entwickelt, die entsprechenden Berufe sind noch zu wenig anerkannt. Dabei sind in diesem Bereich am ehesten neue Arbeitsplätze zu erwarten. Ökonomen fordern daher schon lange eine Neubewertung dieser Berufszweige.

EPOCHENUMBRUCH

Für gesellschaftliche und technologische Entwicklungen wird nach griffigen Bezeichnungen gesucht. Für die derzeit heraufziehende Epoche hat sich der Terminus „Wissensgesellschaft" durchgesetzt. Was ist gemeint?

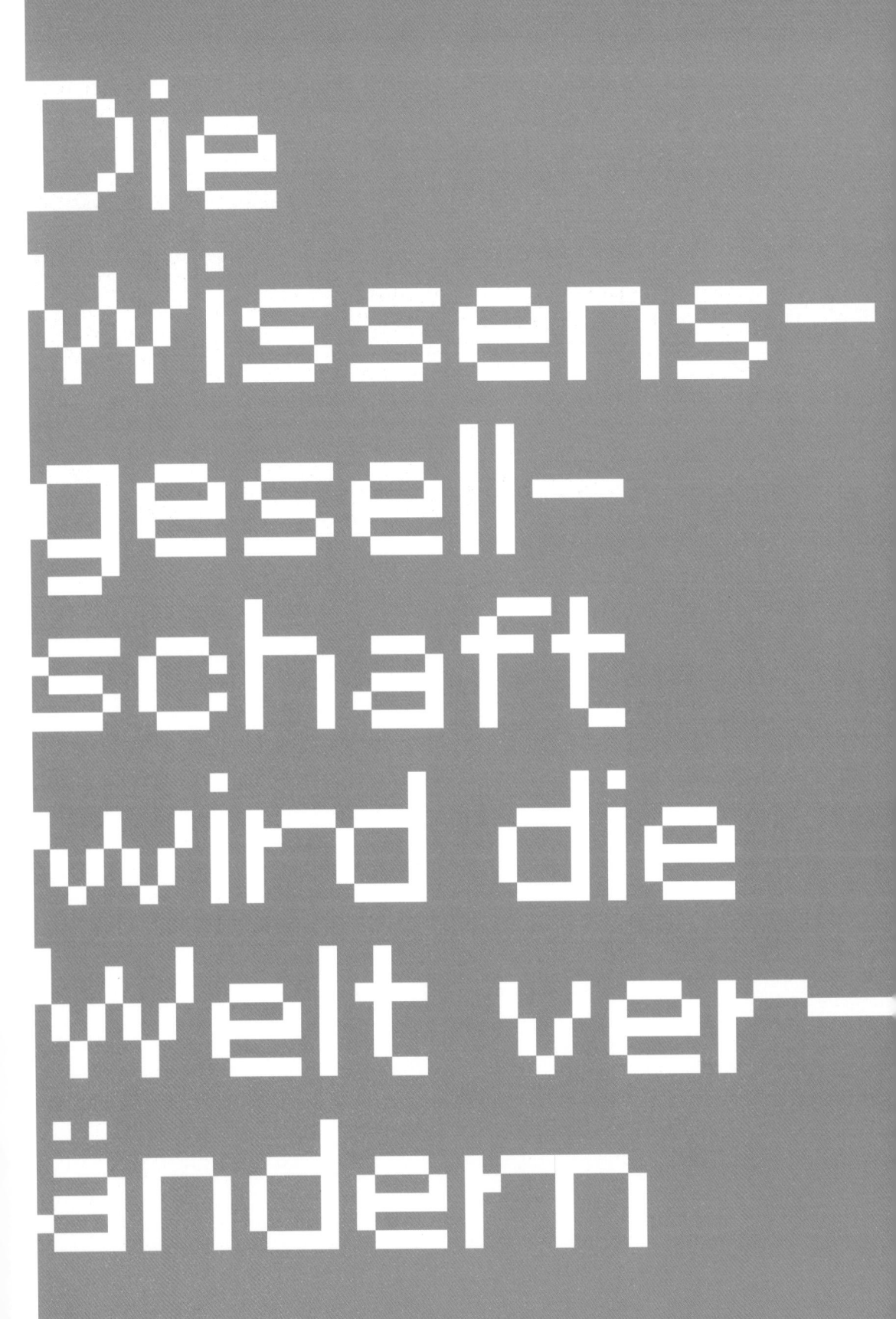

Die Wissensgesellschaft wird die Welt verändern

Die digitale Revolution ist dabei, das Gesicht der Welt zu verändern. Aus der Industriegesellschaft erwächst zur Zeit die Wissensgesellschaft. Ein untrügerisches Anzeichen für diesen Umbruch ist der Rückgang der Zahl der klassischen Industriearbeiter. Ihren Platz innerhalb und außerhalb der automatisierten Fabriken nehmen zunehmend die Wissensarbeiter ein. Ihr Kapital – „Wissen" – tritt in immer stärkerem Maße zu Kapital und Arbeit als dritter Quelle der Wohlstandswertschöpfung hinzu.

Wie beim Übergang von der Agrar- in die Industriegesellschaft ist mit dem Umbruch ein grundlegender Wandel der Arbeitswelt verbunden.
- Ein Teil der Arbeitsplätze verschwindet.
- Gleichzeitig entstehen neue. Diesmal in den Wissensberufen, in den unternehmensbezogenen Dienstleistungen, nicht zuletzt bei den personenbezogenen sozialen Diensten.
- Die künftigen Arbeiten und Tätigkeiten werden anspruchsvoller, intelligenter, voraussetzungsreicher sein als jene an den Fließbändern der Industriegesellschaft. Neun von zehn Wissenschaftlern, die jemals gelebt haben, sind unsere Zeitgenossen.

Die Lebenschancen geraten mehr denn je in Abhängigkeit einer guten Ausbildung und der Bereitschaft, Kompetenzen ständig zu aktualisieren. Dabei kann heute niemand wissen, was man morgen wissen muss, um sich übermorgen wirtschaftlich behaupten zu können.

Die große Herausforderung einer Wissensgesellschaft besteht darin, möglichst viele Menschen in die Entwicklung mit einzubeziehen.

„Die Bereitschaft und die Fähigkeit zum lebenslangen Lernen oder – um seine Alternativlosigkeit zu akzentuieren – zum lebenslänglichen Lernen wird zu einer Schlüsselqualifikation in der Wissensgesellschaft werden."
Wolfgang Bergsdorf, Präsident Universität Erfurt

„Wenn man die Parole von der Wissensgesellschaft ernst nimmt, sind die Möglichkeiten natürliche Zusammenhänge zu erkennen so groß wie nie zuvor. Allerdings geht der Trend zum bloßen Wissen über Verfahren und technische Verfügbarkeit. Der globalisierte Kapitalismus braucht qualifizierte und angepasste Fachidioten. Wissen hat im Standortwettbewerb zu funktionieren."
Peter Wahl, Politologe, Attac Deutschland

„Innovationen entstehen unter anderem dadurch, dass Vertreter unterschiedlicher Kulturräume im Zuge der Globalisierung zusammenarbeiten und natürlich Wissen aus ihrem jeweiligen Herkunftsbereich miteinander austauschen und mischen. Daraus ergibt sich das Wachstumspotenzial, das wir alle im globalen Kontext brauchen."
Hanns-Michael Hölz, Betriebswirt, Vorstandsmitglied verschiedener Stiftungen der Deutschen Bank.

„Wissen über die Natur bildet die Grundlage für den permanenten wissenschaftlich-technischen Innovationsprozess. Mit der Entfremdung von der Natur hat auch unser Wissen über sie zugenommen. Allerdings handelt es sich nicht mehr um tradiertes Erfahrungswissen nach dem Muster der Bauernregel, sondern um professionelles und spezialisiertes Wissen. Selbst der Öko-Landbau ist eine wissenschaftlich fundierte Angelegenheit, kein ‚Zurück zur Natur'."
Ralf Fücks, Politiker, Vorstand der Heinrich-Böll-Stiftung.

DAS BEISPIEL ZAWiW

Das Zentrum für Allgemeine Wissenschaftliche Weiterbildung (ZAWiW) leistet Arbeit mit Modellcharakter. Das an der Universität Ulm angesiedelte Zentrum ist Veranstalter der bekannten Frühjahrs- und Herbstakademien, die inzwischen weithin Nachahmung finden.

Wissens-
durst
kennt
keine
Alters-
grenzen

ZAWiW ermöglicht lebenslanges Lernen

Weiterbildung kennt keine Altersgrenzen. Das ZAWiW wendet sich in erster Linie – aber nicht ausschließlich – an Menschen im dritten Lebensabschnitt, die vertiefte Einblicke in die Welt der Wissenschaft gewinnen wollen. Die Schlüsselfragen dabei lauten:
– Wollen Sie geistig fit und rege bleiben und Ihre geistigen Fähigkeiten trainieren oder geistigen Kräfte reaktivieren?
– Möchten Sie Ihr Allgemeinwissen erweitern oder spezielle Interessen verbreitern und vertiefen?
– Wollen Sie Ihre Neugier und Ihr Interesse an historischen, musischen, philosophischen oder naturwissenschaftlichen Fragen befriedigen?
– Möchten Sie Kontakt und Gelegenheit zum Gespräch mit Gleichaltrigen und jüngeren Menschen?
– Wollen Sie sich einen Jugendtraum erfüllen oder etwas verwirklichen, wozu Sie früher aus zeithistorischen, finanziellen oder familiären Gründen nicht gekommen sind?

Das ZAWiW bietet die Möglichkeit, vorhandene Kompetenzen in vielfältiger Weise einzubringen und gleichzeitig die Wissensbasis zu erweitern, z.B. in den Projektbereichen „Forschen des Lernen" und „KOJALA".

→
DIE ARBEITSKREISE „FORSCHENDES LERNEN"
An der Universität Ulm arbeiten im Kontext wissenschaftlicher Weiterbildung älterer Menschen Seniorstudierende in derzeit 13 Arbeitskreisen im Sinne des Forschenden Lernens. Diese bringen ihre Fähigkeiten und Kompetenzen ein und forschen gemeinsam an Themen aus den Bereichen Medizin, Natur-, Geistes-, Sozial- und Wirtschaftswissenschaften sowie Informatik. Gemeinsam werden in den Arbeitskreisen brachliegende, in Vergessenheit geratene, unbearbeitete oder querliegende Forschungsthemen aufgegriffen oder es wird auf bisher unerforschte Tatbestände aufmerksam gemacht. Die Ergebnisse werden der Öffentlichkeit in Form von Broschüren, CD-ROMs, Ausstellungen oder in Vorträgen vorgestellt.

→
ALT UND JUNG – GEMEINSAM LERNEN
KOJALA, die „Kompetenzbörse für Jung und Alt im Lern-Austausch", ist ein Lernnetzwerk von und für ältere und jüngere Menschen, die bereit sind, ihr Wissen und ihre Fähigkeiten mit anderen zu teilen. Sie machen darin Angebote, die andere abrufen können. Und sie suchen selbst Partner für Themen und Vorhaben, bei denen sie Unterstützung brauchen. Sie haben Lust, auf neuen Lernwegen ihr Wissen zu erweitern. Ein spannendes Lernabenteuer kann beginnen – an realen Lernorten wie Schulen und Weiterbildungseinrichtungen. Oder über einen virtuellen Lern-Austausch im Internet. Beteiligen können sich Einzelne und Gruppen, Schüler, Lehrer, Senioren und andere wissensdurstige Menschen. Die Konzeption und Koordination erfolgt durch das ZAWiW. Beteiligt an dem Lernnetzwerk sind beispielsweise die vh ulm, Familienbildungsstätte, Stadthaus, Institutionen der Jugend- und Altenarbeit, Seniorenrat Ulm, Altentreff Ulm/Neu-Ulm, die Stadt Ulm, Bürgerbüro ZEBRA. Die Südwest Presse ist Medienpartner von KOJALA. Gefördert wird „KOJALA" aus Mitteln der Ulmer Bürger Stiftung, des Förderkreises des ZAWiW, der Bildungsoffensive der Stadt Ulm und der Jugendstiftung Baden-Württemberg. Schritt für Schritt entsteht in Ulm so eine neue Form des Lernens unter dem Motto: „jung und alt gemeinsam – wir bewegen was!" Mehr unter www.kojala.de

Steckbrief

ZAWiW – Zentrum für allgemeine wissenschaftliche Weiterbildung an der Universität Ulm.

Leitung
Carmen Stadelhofer

Wissenschaftliches Sekretariat /
Geschäftsstelle
Universität Ulm
89069 Ulm
www.zawiw.de

VISIONEN

DER PLANBARKEIT EINER WISSENSCHAFTSSTADT SIND GRENZEN GESETZT. FEST STEHT: DIE SIGNALE IN ULM STEHEN AUF GRÜN FÜR DIE WEITERE EXPANSION. DIE PLANERISCHEN VORAUSSETZUNGEN SIND GESCHAFFEN, DIE STARTVORAUSSETZUNGEN IDEAL. AN WEITEREN IDEEN UND VISIONEN FEHLT ES NICHT. IN EINIGEN JAHREN WIRD MAN ERKENNEN KÖNNEN, WAS DARAUS GEWORDEN IST.

PLÄNE UND PERSPEKTIVEN

Der geplante Science Park III bildet das Potenzial für den künftigen Ausbau der Wissenschaftsstadt. Neben weiteren Firmen werden in Zukunft auch weitere Kliniken am Oberen Eselsberg konzentriert sein.

Die Signale stehen auf Expansion

Der künftige Science Park III im Modell

Für den Science Park mit der Nummer drei sind 39 Hektar Bauland reserviert. Seine Planungsgrundlagen sind mit einem städtebaulichen Wettbewerb bereits geschaffen. Der weitere Abschnitt des Hightech-Gewerbegebiets wird westlich der Sporthalle Ulm-Nord entstehen. Wiederum ist er gedacht für Unternehmen, welche die Nähe zu den Hochschulen und Forschungseinrichtungen auf dem Oberen Eselsberg suchen.

Sobald die Baulandreserven im Science Park II aufgebraucht sind, wird die Umsetzung beginnen.

Mit der früh eingeleiteten Planung sendet die Stadt Ulm ein klares Signal in Richtung Wirtschaft: Unternehmen, die in der Wissenschaftsstadt aktiv werden wollen, können dies unverzüglich tun. Baugrundstücke stehen jederzeit bereit.

Darüber hinaus bestehen Vorüberlegungen, sämtliche Ulmer Kliniken auf dem Oberen Eselsberg zu konzentrieren. Einen konkreten Zeitplan dafür gibt es allerdings nicht.

→
PLÄNE VON HEUTE, MORGEN UND ÜBERMORGEN
Kaum ein Jahr, da auf dem Areal der Ulmer Wissenschaftsstadt nicht eine neue Baustelle eröffnet wurde. Bereits jetzt sichert sich die Staatliche Bauverwaltung Grundstücke für künftige Klinik-Neubauprojekte und weitere mögliche Erweiterungen der Universität. Am konkretesten sind die Planungen im Bereich der „Universitätsmitte". Das Bürogebäude für die Klinik-Verwaltung wurde 2003 bezogen. Östlich davon soll 2007 mit dem Neubau der Chirurgie begonnen werden. Der Masterplan sieht darüber hinaus vor: die Erweiterung der Bibliothek, Neubauten für die Universitätsverwaltung und das musische Zentrum, Clubhäuser für Studenten sowie einen Hörsaal-Komplex. Wenn diese Projekte eines Tages umgesetzt sein werden, ist damit die Lücke zwischen den Universitätskomplexen Ost und West geschlossen. Die alte Formel von der „Universität unter einem Dach" besitzt somit nach wie vor Gültigkeit.

→
PARK MIT „START UP-GELÄNDE"
Das städtebauliche Konzept für den künftigen Science Park III steht. Das Büro Auer + Weber (Stuttgart, München) hat den entsprechenden Wettbewerb gewonnen. Das neue Quartier wird in mehreren Abschnitten entwickelt. Für Unternehmensgründer ist ein „Start up-Gelände" vorgesehen. Großzügige Grünzäsuren garantieren die Verzahnung mit der umliegenden Alb-Landschaft.

IDEEN UND VISIONEN

Nichts ist perfekt – und vollendet ist eine Wissenschaftsstadt nie. Ihre Akteure sind vielfältig, deren Interessen unterschiedlich. Manches trägt einen experimentellen Charakter. Der Wunschzettel von Akteuren und von politischer Seite ist – nicht klein.

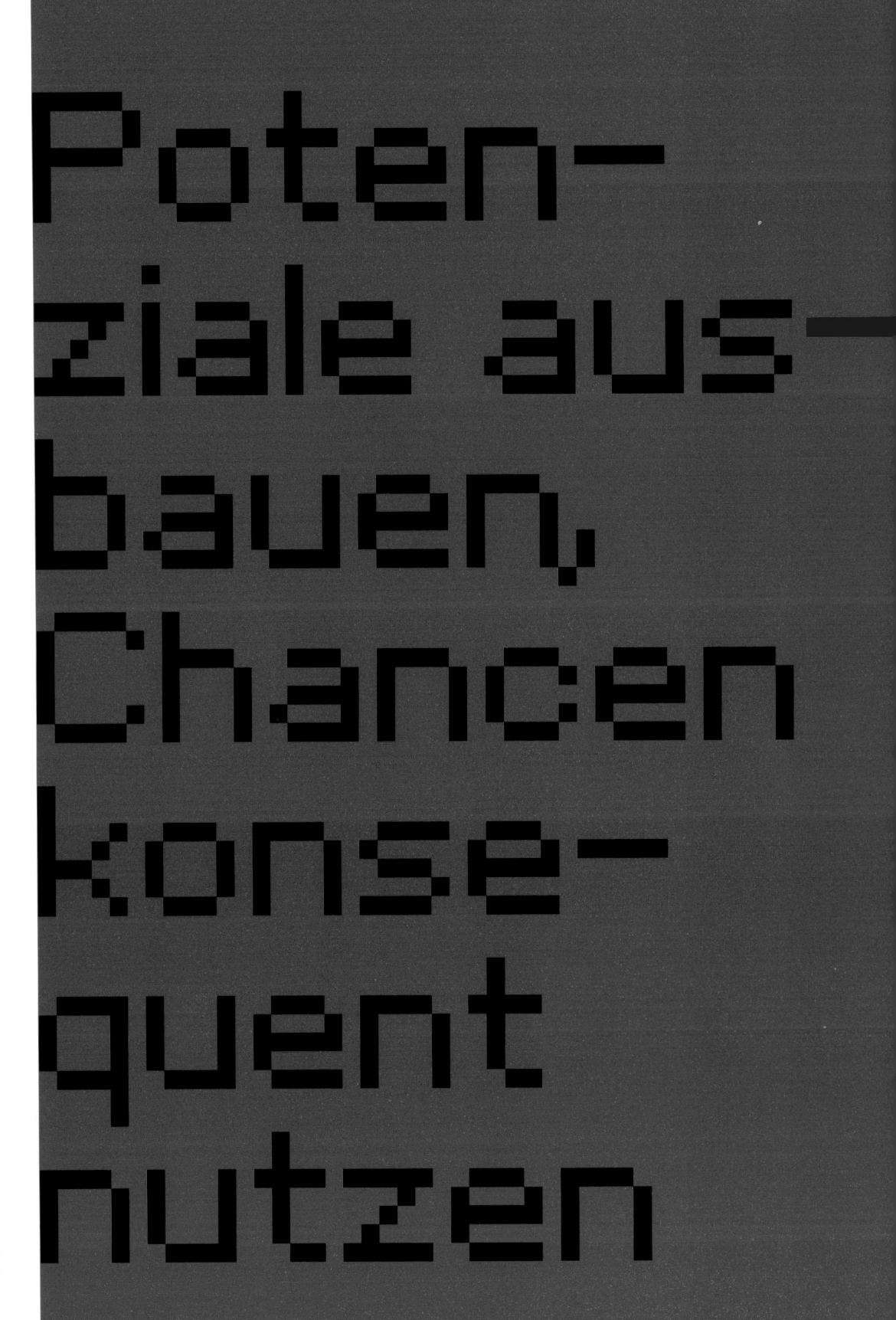

Potenziale ausbauen, Chancen konsequent nutzen

Nicht zuletzt sind es die wirtschaftlichen Rahmenbedingungen, die sich immer wieder ändern. Folgen für die Wissenschaftsstadt sind nicht ausgeblieben. Die Entwicklung der vergangenen Jahre hat in den Unternehmen zu einer starken Fokussierung auf Kernthemen mit kürzerem Zeithorizont geführt. „Dies erschwert naturgemäß die Zusammenarbeit mit der Universität und anderen Forschungseinrichtungen, die sich längerfristiger orientieren", erklärt Dr. Siegfried Döttinger, Leiter des Ulmer DaimlerChrysler-Forschungszentrums.

Das schmälert nicht die bisher schon erzielten Erfolge. Auf der wissenschaftlichen Landkarte ist der Obere Eselsberg mit seinen Einrichtungen eine respektable Größe. Stillstand ist dort nicht eingeplant.

Visionen, kühne oder pragmatische, sind weiterhin gefragt – als Antrieb, damit die Wissenschaftsstadt Stück für Stück ihrem sehr anspruchsvollen Gründungsideal näher rückt.

WEITERE SCHUBKRÄFTE FÜR DEN TRENDSETTER

„Die Universität will auch in Zukunft wie schon bisher als wichtiger Trendsetter für die Wissenschaftsstadt agieren. Von vordringlicher Bedeutung sind:
1. Der Neubau der Chirurgischen Universitätsklinik zur Stärkung der medizinischen Forschung und Maximalversorgung.
2. Der Ausbau der Bereiche Pharmazeutische Biotechnologie und Technology and Processing Management.
3. Die Stärkung der Brennstoffzellen- und Batterietechnologien.
4. Die weitere Forcierung des ‚Wissenstransfers über Köpfe' unter anderem durch Teilzeitprofessuren und gemeinsame Doktorandenprogramme mit der Industrie."

Prof. Karl Joachim Ebeling, Rektor Universität Ulm

STEIGENDEN BEDARF AN STUDIENPLÄTZEN ERFÜLLEN

„Der noch über Jahre wachsende Bedarf nach Studienplätzen gebietet es, um Ressourcen für den weiteren Ausbau unserer Hochschule zu kämpfen. Derzeit sollten die Gebiete Fahrzeugtechnik/Fahrzeugsystemtechnik sowie der bisher nur einmal jährlich angebotene Studiengang Digitale Medien ausgebaut werden. Der am Standort Ulm und Neu-Ulm besonders nachgefragte Studiengang Logistik muss dauerhaft abgesichert und ausgebaut werden. Last, but not least: Die Zeit ist reif für einen grundständigen Studiengang im Bereich nachhaltige Energietechnik und Energiewirtschaft. Zusätzlich wären Studienangebote auf den Gebieten der nicht ärztlichen medizinischen Berufe sinnvoll."

Prof. Achim Bubenzer, Rektor Hochschule Ulm

GEMEINSAME „DREHSCHEIBE" FEHLT

„Das Netzwerk aus Wissenschaft und Wirtschaft ist unterschiedlich dicht. Die Kooperation im Bereich Ausbildung und Grundlagen ist bereits sehr gut etabliert, Lücken dagegen gibt es bei umsetzungsnahen Themen. Ich schlage daher den Aufbau einer gemeinsamen Plattform vor, die als ‚Drehscheibe für Informationen und Wissen' dienen kann. Diese könnte dazu beitragen, weitere Kooperationsmöglichkeiten anzubahnen und ein gemeinsames Verständnis für die Wissenschaftsstadt zu entwickeln."

Dr. Siegfried Döttinger, Leiter des DaimlerChrysler-Forschungszentrums

CLUSTER WEITER ENTWICKELN

„Die Wissenschaftsstadt hat für den erfolgreichen Strukturwandel in Ulm zu einem modernen Forschungs- und Dienstleistungsstandort gesorgt. Andernorts hinterließ der Abbau von Industriearbeitsplätzen Arbeitslosigkeit. Nicht so in Ulm. Laut Prognos zählt Ulm sogar zu den wenigen ‚Stillen Stars' in Deutschland. Nun müssen wie vor 20 Jahren die Weichen in die Zukunft neu gestellt werden. Es geht um die bessere Vernetzung der Wissenschaftsstadt mit der Wirtschaft der Region. Ansatzpunkte, so genannte Cluster weiter zu entwickeln, sieht die IHK Ulm in folgenden Branchen: Maschinenbau, Metallerzeugung/-bearbeitung, Nutzfahrzeuge, Logistik, Biotechnologie/Pharma, Energietechnik, Elektrotechnik/Elektronik, IT/Communication."

Dr. Peter Kulitz, Präsident der IHK-Ulm

BRÜCKENSCHLAG WISSENSCHAFT – HANDWERK

„Schon in der Schildbürgerzeit galt der Ulmer Spatz als Symbol des Technologietransfers. Diese Tradition setzte der Schneider von Ulm fort, ein verdienstvoller Handwerker auf dem Gebiet der Orthopädietechnik.

Heute erweist sich in der kontinuierlich gewachsenen guten Verbindung zwischen dem Handwerk und der Ulmer Universität und Fachhochschule das Handwerk als ein wichtiger und zentraler Partner sowie Abnehmer von neuen Techniken und Materialien.

Das Handwerk ist Dienstleister für die Institute, die Institute sind Auftraggeber für das Handwerk. In dieser bewährt guten Zusammenarbeit liegt die Basis für die Vision zukünftiger Aufgaben: Intensivierung der Kontakte zwischen den technischen Beratern der Handwerkskammer und der Wissenschaftsstadt; eine gemeinsame Anlauf- und Beratungsstelle für gründungswillige Wissenschaftler im Handwerk; gemeinsame Technologietage und Technologie-Workshops; Förderung von Diplomarbeiten, die für das Handwerk relevant sind.

Im Schutz der Ulmer Stadtmauer haben früher die Zünfte städtisches Leben gesichert, geformt und getragen, heute hilft die Wissenschaftsstadt Ulm mit ihren Forschungseinrichtungen, die Attraktivität der Region zu erhöhen mit einem Handwerk an seiner Seite, das seine Kraft in die Erhaltung und Fortentwicklung der Wissenschaftsstadt steckt."

Horst Schurr, Präsident der Handwerkskammer Ulm

DEUTSCHLANDS CHANCEN STEHEN GUT

„Der Wissenschaft kommt bei der Sicherung des künftigen Wohlstands eine herausragende Rolle zu. Deshalb muss sie ins Zentrum der politischen Engagements rücken. Deutschlands Chancen, zu einem Pionierland für Wissenschaft und Forschung zu werden, stehen gut. Die Science Parks der Wissenschaftsstadt Ulm mit ihrer starken Vernetzung von Wissenschaft und Wirtschaft stehen für Spitzenleistungen in Forschung und Entwicklung und sind gleichzeitig eine Jobmaschine. Ich wünsche mir, dass das Projekt auch in Zukunft so erfolgreich ist und in anderen Gegenden Deutschlands Schule macht."

Dr. Annette Schavan, Bundesministerin für Bildung und Forschung

MUT, NEUE WEGE ZU GEHEN

„Investitionen in Wissenschaft, Forschung und Bildung sind Investitionen in die Zukunft. Der gerechte Zugang zu Bildung ist die beste Versicherung gegen Arbeitslosigkeit und für eine funktionierende Volkswirtschaft. Um durch Innovation erfolgreich zu sein, muss Politik die Bereiche Bildung, Forschung und Wissenschaft weiter stärken. Die Ulmer Wissenschaftsstadt garantiert eine enge Verzahnung von Wissenschaft und Wirtschaft und setzt große Synergien frei. Ich wünsche mir, dass wir weiterhin den Mut und die Entschlossenheit aufbringen, wie im Konzept der Wissenschaftsstadt Ulm neue Wege in Wissenschaft und Forschung zu gehen. Dabei muss aber immer die Prämisse gelten: Wissenschaft muss dem Menschen dienen."

Hilde Mattheis, MdB, SPD

PLATTFORMEN FÜR WIRTSCHAFT UND WISSENSCHAFT

„Als gemeinsame Initiative von Land, Stadt und Wirtschaft hat vor 20 Jahren begonnen, was heute als erfolgreiches Modell für eine gelungene Innovations- und Strukturpolitik des Landes steht. Mit vielen Maßnahmen - von der Einrichtung eines Science-Parks bis hin zur Kapazitätserweiterung der beiden Hochschulen – ist es gelungen, unsere Stadt zu dem zu machen, was sie heute ist: ein Forschungsstandort mit unverwechselbarem Forschungsprofil. Ein wesentlicher Grundstein für diese Entwicklung ist die enge Vernetzung zwischen Hochschulen, außeruniversitären Forschungseinrichtungen, industrieller Forschung und Wirtschaft. Nach dem Prognos Zukunftsatlas ist Ulm eine Region mit sehr hohen Zukunftschancen. Die enge Kooperation der örtlichen Akteure muss daher auch weiterhin der Schlüssel für eine erfolgreiche Weiterentwicklung der Wissenschaftsstadt sein. Die Landesregierung errichtet vor diesem Hintergrund bereits Plattformen, mit denen Vertreter der Wissenschaft und der Wirtschaft auf innovativen Technologiefeldern zusammengebracht werden und unterstützt durch Landesprogramme ‚Gründerverbünde auf dem Campus' und ‚Junge Innovatoren' Ausgründungen aus Hochschulen und Forschungseinrichtungen zur Stärkung des innovativen Mittelstandes."

Dr. Monika Stolz, Ministerin für Arbeit und Soziales des Landes Baden-Württemberg

DIE „STÄRKEN STÄRKEN"

„Das äußerst erfolgreiche Projekt Wissenschaftsstadt braucht einen neuen Impuls. Dabei müssen alle Akteure, ob in Bundes-, Landes- oder Kommunalpolitik an einem Strang ziehen. Dieser neue Schwerpunkt könnte das Zukunftsthema ‚Erneuerbare Energien und Energieeffizienz' sein. Nach dem Leitsatz ‚Die Stärken stärken' gilt es, die bereits jetzt in der Region vorhandene hohe Kompetenz zu einem ‚Cluster' auszubauen. Dieser Schwerpunkt könnte auch Grundlage für den Ausbau der wissenschaftlichen und wirtschaftlichen Beziehungen mit den Donauländern sein – Stichwort: Donauhochschule."

Martin Rivoir, MdL, SPD

→

BESSERE PARTIZIPATION DER STADTGESELLSCHAFT

„Ulm soll künftig nicht nur eine Wissenschaftsstadt haben, sondern Wissenschaftsstadt sein! Dazu zählt für mich ein stärkerer Transfer der Forschungsergebnisse in die Stadtgesellschaft, etwa durch den Einsatz von Brennstoffzellen-Bussen. Wegweiser für die Zukunft der Wissenschaftsstadt muss ein regionales Entwicklungskonzept sein. Es soll beispielsweise den Ausbau der Ulmer Hochschulen um 1000 neue Studienplätze beinhalten. Ferner die Einrichtung eines Instituts für Technikfolgenabschätzung, eines Forschungsinstituts für den Mittelstand und eines Kompetenzzentrums für regenerative Energien."

Thomas Oelmayer, MdL, Bündnis 90/Die Grünen

ERFOLGSGESCHICHTE FORTSETZEN

„Die Wissenschaftsstadt, von Lothar Späth und Ernst Ludwig mitinitiiert, war ein Glücksfall für Ulm, nachdem tausende Arbeitsplätze verloren gegangen waren. Die Idee, universitäre Forschung und wirtschaftliche Verwertung eng zu verzahnen, geriet zur Erfolgsgeschichte. Diese fortzusetzen, ist unser Anliegen. Innovative Forschung und Entwicklung sind das Potenzial, das die Zukunft Ulms als Wissenschafts-, Wirtschafts- und Kulturstadt sichern hilft und im nationalen und internationalen Wettbewerb stärkt."

CDU-Fraktion im Ulmer Gemeinderat

NEUE WEGE UND IDEEN

„20 Jahre Wissenschaftsstadt Ulm – Schnittpunkt zwischen Vergangenheit und Zukunft. Die Idee aus dem Strukturwandel der 80er Jahre, neue Wege zu gehen, war wichtig und richtig. Der Wandel von der Industrie- zur Wissensgesellschaft wurde erfolgreich vollzogen. Mit der Schaffung von Baurecht für einen neuen Science Park III hat die Stadt gute Rahmenbedingungen für eine erfolgreiche Fortsetzung dieser Denkfabrik geschaffen. Unsere Aufgabe ist es nunmehr, gemeinsam mit Industrie, Forschung und Wissenschaft an dem Erfolgsmodell Wissenschaftsstadt Ulm weiterzuarbeiten, neue Wege einzuschlagen und neue Ideen zu entwickeln. Die Stärkung der Biotechnologie und neuer Antriebstechniken soll neben der weiteren Verknüpfung zwischen Wissenschaft und Wirtschaft unser Zukunftsziel sein. Dies stärkt auch unsere Stellung als Wachstumsregion Ulm und sichert so Arbeitsplätze."

FWG-Fraktion im Ulmer Gemeinderat

AKTIVITÄTEN SYMBIOTISCH ERGÄNZEN

„Seit Bestehen der Wissenschaftsstadt hat sich die Erkenntnis weiter verstärkt, dass unsere gesellschaftliche Wertschöpfungskraft auf drei Faktoren beruht: auf hochwertiger Bildung, ressourcenschonender Produktion und wissensbasiertem Fortschritt. Zu jedem dieser Aspekte leistet die Wissenschaftsstadt - begünstigt von einer produktiven Region - einen eigenen Beitrag. Die dauerhafte Bereitschaft, Impulse aufzunehmen und umzusetzen, muss die Antwort auf den stetigen Wandel sein. Eine in diesem Sinne symbiotische Ergänzung der derzeitigen Aktivitäten könnte in der Verstärkung der pharmazeutischen Forschung liegen."

SPD-Fraktion im Ulmer Gemeinderat

WISSEN SCHAFFT STADT MIT ZUKUNFT

„Wir sehen diese Strategiefelder für die zukünftige Entwicklung unserer Wissenschaftsstadt: Ausbau der BioRegion, die Nutzung und Weiterentwicklung regenerativer Energien und die Entwicklung effizienter Energiesysteme und nachhaltiger Werkstoffe, die praktische Anwendung der Brennstoffzelle, neue fächer- und hochschulübergreifende Studiengänge beispielsweise für Physio- und Ergotherapeuten und im Bereich der Weiterbildung. Die Wissenschaftsstadt der Zukunft verbindet aber auch die naturwissenschaftliche, medizinische, ökonomische, technische und biotechnische Forschung mit demografischen, sozialen, kulturellen, wirtschaftlichen und politischen Zukunftsfragen in einer Zukunftsakademie."

Fraktion Bündnis 90/Die Grünen im Ulmer Gemeinderat

OFFENER DIALOG

„Wissenschaftsstadt: ein Wort und eine Formel! ‚Wissenschaft' und ‚Stadt' treten in Wechselbeziehung. Miteinander. Im Blick auf die Stadt kommt der Mensch ins Spiel. Wissenschaft trägt Verantwortung für den Menschen. Ein offener Dialog ermöglicht, Folgen neuer Technologien auch ethisch zu beurteilen. Nur so gesehen, wird nicht vergessen, was nicht verfügbar ist. Eine Wahrheit, vor der wir uns nur dankbar verneigen können."

Matthias Hambücher, Dekan, Katholische Kirche Ulm

BEGEGNUNG VERHINDERT EINENGUNG DER WIRKLICHKEIT

„Der Weisheit Anfang ist die Furcht des Herrn."
Sprüche Salomos 9,10

„Eine Stadt wird lebendig durch die Begegnung der Menschen aus den verschiedenen ‚Vierteln' und Milieus, eine Wissenschaftsstadt zudem durch die Begegnung der Wissenschaften untereinander. Diese Begegnung verhindert, dass die Wirklichkeit auf wenige Aspekte reduziert wird, als sei nur das sinnvoll, was unserem zweckrationalen Denken einleuchtet. Dass diese Begegnung gelingt und die Vernunft immer wieder lernt, auch eigene Grenzen zu akzeptieren, ist zu wünschen. So bewahrt die Wissenschaft das Staunen und die Ehrfurcht vor ihren Gegenständen und gewinnt Weisheit, die dem Leben dient."

Ernst-Wilhelm Gohl, Dekan des evangelischen Kirchenbezirks Ulm

DIE WISSENSCHAFTSSTADT DER ZUKUNFT ZEICHNET AUS

- Suche nach neuen Erkenntnissen, Ergebnissen und Informationen
- Offenheit für neue Methoden des Lernens, Forschens und der Wissensverarbeitung
- Tempo der Umsetzung von Wissen in marktfähige Produkte
- Bereitschaft zur Kooperation und Vernetzung
- Ausrichtung und Ausstrahlung in die Region und darüber hinaus
- Klima der Aufgeschlossenheit für Innovationen
- „Tick" besser, schneller und erfolgreicher

Innovation durch Wissen als Markenzeichen.
Ivo Gönner, Oberbürgermeister

FIRMENPORTRÄTS

Gold Ochsen – bierisch gut - damals wie heute!

Der Ursprung der Brauerei Gold Ochsen lässt sich bis in das Jahr 1597 zurückverfolgen, als ein Wirt namens Gabriel Mayer den "Goldenen Ochsen" in dem Gebäudekomplex des ehemaligen Nonnenklosters zum heiligen Stern St. Afra gründete. Damals, als es noch "Herberge, Brauerei und Weinwirtschaft – Zum Goldenen Ochsen" hieß, hätte wohl niemand damit gerechnet, dass somit die Entwicklung einer der großen Brauereien in Schwaben eingeläutet wurde. Während in den vergangenen Jahrhunderten die Besitzer der Brauerei mehrmals wechselten, blieb der Name "Gold Ochsen" jedoch immer erhalten. Wie viele historische Schriften man auch wälzt – es wird immer ein Geheimnis des Gabriel Mayer bleiben, warum er sein Gasthaus mit Brauerei vor 409 Jahren "Zum goldenen Ochsen" nannte.
1868 übernahm die Familie Leibinger das Unternehmen, das sich seitdem zu einer modernen Braustätte fortentwickelt hat. Da das allerdings nicht am ursprünglichen Standort möglich war, wurde am damaligen Nordrand Ulms eine ganz neue Brauerei gebaut, die dann vor rund 100 Jahren ihren Betrieb aufnahm.

Die Geschäftsführung der Brauerei wird in fünfter Generation von Ulrike Freund weitergeführt. Die Chefin sieht sich sowohl der vierhundertjährigen Tradition eines der ältesten Unternehmens in Ulm als auch dem wachsenden Fortschritt in allen Unternehmensbereichen verpflichtet.

Philosophie: Frische durch Nähe

Um eine Produktqualität auf höchstem Niveau zu gewährleisten, setzt die Brauerei Gold Ochsen auf hochwertige Rohstoffe regionaler Lieferanten - denn die kurzen Transportwege garantieren die Frische der Zutaten. So werden nur bestes Gersten- und Weizenmalz, Spitzenhopfen und reinstes Quellwasser aus dem eigenen Brunnen auf der Schwäbischen Alb für die Herstellung der Biere verwendet. Der Brauprozess wird selbstverständlich von ständigen Kontrollen begleitet, damit das Bier die Brauerei in altbewährter Gold Ochsen Qualität verlässt.
Und auch danach macht sich die Nähe zum Verbraucher bemerkbar: die günstige Verkehrsanbindung der Stadt Ulm und die moderne Fuhrparkflotte der Brauerei erlaubt eine schnelle, zuverlässige Abfertigung, die gerade bei einem Frischeprodukt wie Bier so wichtig ist. Das Distributionsgebiet erstreckt sich dabei von Ulm über den Schwarzwald, Bayerisch Schwaben, den Bodensee bis in das Hohenloher Land. Sogar in der Schweiz kann man "Ulms flüssiges Gold" genießen.

Gold Ochsen – ein modernes Unternehmen

Die hohe Qualität der Gold Ochsen Biere bescheinigte die Stiftung Warentest. In einem Vergleich deutscher Weißbiere konnte sich die "Gold Weisse Hefe" mit den Noten dreimal "gut" und einmal "sehr gut" in der Spitzengruppe der geprüften Biere platzieren.
Um diese Qualität zu wahren, bedient sich natürlich auch ein Traditionsunternehmen wie Gold Ochsen modernster Mittel. So konnte im April 2002 das komplett modernisierte Sudhaus in Betrieb genommen werden. In diesem können nun zehn statt neun Sude am Tag hergestellt werden, was einem Volumen von rund 3000 Hektolitern entspricht.
Eine neue Abfüllanlage mit einem zusätzlichen Ausstoß von 40.000 Flaschen pro Stunde wurde bereits 1997 zum 400-jährigen Jubiläum eingeweiht. Des weiteren laufen in der Brauerei eine weitere Flaschen-Abfüllanlage und Abfüllstraßen für Bier-KEG, Dosen und Soft-KEG. Zusammen mit ihrer Tochtergesellschaft UGV (Ulmer Getränke Vertrieb GmbH) kommt die Gold Ochsen Brauerei heute auf einen Ausstoß von rund 600.000 Hektolitern pro Jahr.
Gleichzeitig beweist das Unternehmen, dass man seine wirtschaftlichen Ziele auch mit umweltschonenden Produktionsmitteln erreichen kann. Nicht nur die Abfüllanlagen sind in ihrer Umweltverträglichkeit vorbildlich, auch wurden im Rahmen des Projektes Ökoprofit, das von der regionalen Wirtschaft initiiert und von den Städten Ulm und Neu-Ulm unterstützt wurde, weitere zukunftsweisende Konzepte ausgearbeitet, um verwertbare Abfälle im Unternehmen zu reduzieren und Energie einzusparen. Dabei scheute sich Gold Ochsen nicht vor hohen Investitionen in eine neue Beleuchtung, mit der rund 50% des bisherigen Stromverbrauches eingespart werden. Darüber hinaus entwickelte die Brauerei ein Farbleitsystem, wodurch auch die Abfälle um 10% reduziert werden konnten. Für diese vorbildliche Leistung wurde die Brauerei von einer unabhängigen Prüfungskommission als Ökoprofit-Unternehmen 2001 ausgezeichnet. Gold Ochsen zeigt also, dass Qualität nicht auf Kosten der Umwelt erbracht werden muss und will sich auch in Zukunft für eine umweltschonende Produktion einsetzen.
Ganz aktuell erweitert Gold Ochsen die Kapazitäten. Auf dem Grundstück entsteht ein neuer Lagerkeller mit insgesamt 13 neuen Lagertanks. Bereits beim Bau wurde auf die Umwelt geachtet und eine hervorragende Isolierung installiert, um Endergieverlust zu minimieren. Pünktlich zum 410. Jubiläum der Brauerei sollen die ersten Lagerbehälter befüllt werden.

Ein Bier für jeden Geschmack und Anlass

Die Produktpalette von Gold Ochsen bietet für jeden Geschmack das richtige Bier, das je nach Sorte im 20er Exklusivkasten, im 10er Kompaktkasten, als Sixpack oder im 24er Pinolenkasten erhältlich ist. Ferner werden die Produkte auch in Dosen zu 0,5l, als Partydose zu 5,0l oder im KEG zu 20, 30 oder 50 Liter angeboten. Die Auswahl reicht dabei vom Gold Ochsen Original, Original leicht, Gold Ochsen alkoholfrei, Premium Pils, Gold Ochsen Special, Gold Weisse Hefe, Leicht, Dunkel und Kristall bis hin zum Gold Ochsen Weihnachtsbier. **Ganz neu im Sortiment: Das Kellerbier naturtrüb.**
Ein frisches Gold Ochsen gehört zu Ulm wie das Münster oder der Schneider von Ulm. Deswegen darf das Traditionsbier auch bei den großen Festen der Stadt nicht fehlen: Ob Ulmer Volksfest, Schwörmontag, Nabada oder Fischerstechen – Ulm feiert mit Gold Ochsen.

Brauerei-Shop und Merchandising

Aufgrund der Nachfrage nach Merchandising-Artikeln wurden hochwertige Accessoires für den Gold Ochsen Brauerei-Shop entworfen: vom klassischen Gold Ochsen Bierkrug über Fahrzeugminiaturen, T-Shirts und Jacken bis hin zum OXX-Strandtuch. Auf den Seiten www.goldochsen.de oder www.oxx.de können die Fan-Artikel bequem von Zuhause aus geordert werden. Außerdem finden sich hier weitere Informationen über das Unternehmen und die Bezugsquellen sowie ein aktueller Veranstaltungskalender, Gewinnspiele, die Produktpalette und ein Anfahrtsplan.
Wer dem virtuellen Einkaufen nichts abgewinnen kann, findet sich im **"realen" Brauerei-Shop, Di. - Fr. 12:30 - 17:00 Uhr**, direkt an der Einfahrt des Hauptgebäudes im Veitsbrunnenweg, bestimmt besser aufgehoben. Dort kann man sich in Ruhe die verschiedenen Artikel anschauen. Bei dieser Gelegenheit können interessierte Besucher auch an einer Brauereibesichtigung teilnehmen und unter fachkundiger Führung den Aufbau einer Brauerei und den Brauprozess kennen lernen. Zum Abschluss der 90minütigen Führung findet dann noch ein gemütliches Beisammensein bei einem deftigen Vesper und einem frischen Gold Ochsen statt.

Bier – ein Genuss für die Gesundheit!

Dass der Mensch allgemein viel trinken soll, ist inzwischen weithin bekannt.

Die Erkenntnis, dass er dabei aber auch durchaus das Angenehme mit dem Nützlichen verbinden darf, setzt sich erst allmählich durch: Bier etwa, in Maßen (!) genossen, ist ein Getränk, das der Gesundheit und dem allgemeinen Wohlbefinden besonders förderlich ist.

Die Gründe dafür liegen auf der Hand – oder besser gesagt: Im Bier selbst.

Bier ist ein reines Produkt der Natur, das einen einzigartigen "Cocktail" wertvollster Inhalts- und Wirkstoffe enthält.

Besonders reichlich vorhanden sind zum Beispiel die Vitamine der B-Gruppe, die gemeinhin als "Wohlfühl-Vitamine" bekannt sind, eine schöne Haut und ein ausgeglichenes Gemüt machen. Hinzu kommen Mineralstoffe wie Magnesium und Kalium sowie Spurenlemente wie Zink, Selen und Eisen.

Ebenso wie im Rotwein sind auch im Bier Oxydationshemmer, sogar in größeren Mengen, enthalten – Stoffe, die im Kampf gegen den Krebs eine wichtige Rolle spielen.

Die sekundären Pflanzenstoffe im Bier wirken antimikrobiell, entzündungshemmend und gefäßschützend. Mehr noch: Bier bewirkt eine bessere Durchblutung der Herzkranzgefäße. Die Gefahr eines Herzinfarktes kann durch täglich etwa 2 Gläschen Bier (dabei sollte es aber unbedingt bleiben!) also signifikant verringert werden.

Und: Bier erhöht im Körper den Anteil des "guten" Cholesterins (HDL), das eine Verkalkung der Gefäße verhindern kann.

Zu diesen relativ jungen Erkenntnissen der "Bier-Forschung" gibt es eine ganz alte und oft bestätigte Weisheit, dass ein Glas Bier einfach wunderbar entspannt! Grund dafür sind der relativ geringe Alkoholgehalt (5,1% vol bei Gold Ochsen Original) und der Anteil Bitterstoffe, die beruhigend und blutdrucksenkend wirken – und die Spannungen des Alltags lösen.

Ausgestattet mit dieser Fülle positiver Wirkungen, geht Bier schon beinahe als "Medizin" durch – und sollte eigentlich in der Apotheke verkauft werden! Wobei Bier im Unterschied zu herkömmlicher Medizin noch einen ganz entscheidenden Vorteil hat: Es schmeckt!

Kein Wunder also, dass das Bier langsam, aber sicher einen Imagewandel vollzieht. Eine "Karriere" der besonderen Art macht das Bier seit einiger Zeit dort, wo man es eigentlich am wenigsten vermuten würde: in Sportlerkreisen. Gerade Ausdauersportler haben entdeckt, dass alkoholfreie Biere ideale Durstlöscher sind – vor dem Sport, währenddessen und danach. Das Beispiel Gold Ochsen Original alkoholfrei zeigt, warum:

Die "guten" Kohlenhydrate im "Original alkoholfrei" füllen die Glykogenspeicher optimal auf und leisten gerade bei Ausdauersportlern "Aufbauhilfe" für den Stoffwechsel.

Wichtige Mineralstoffe und Spurenelemente wie Kalium, Natrium und Magnesium, die durch das Schwitzen verloren gehen, werden schnell ersetzt.

Ausdauersportler haben einen erhöhten Bedarf an B-Vitaminen – Gold Ochsen "Original alkoholfrei" ist besonders reich an den Vitaminen B2 und B6 und liefert sie mit jedem Schluck.

Eine besonders wichtige und positive Eigenschaft: Gold Ochsen "Original alkoholfrei" ist isotonisch, d.h. es hat die gleiche Nährstoffkonzentration wie das menschliche Blut. Die Flüssigkeit und die in ihr gelösten Nährstoffe werden deshalb vom Körper besonders schnell und gut aufgenommen. Verbrauchte Energie wird rasch ersetzt und Leistung wieder möglich.

Und last but not least, schlägt das Alkoholfreie von Gold Ochsen mit 60% weniger Kalorien als der Durchschnitt deutscher Vollbiere zu Buche. Und: Es schmeckt, wie nur ein Gold Ochsen schmecken kann. Gebraut streng nach dem deutschen Reinheitsgebot aus Wasser, Malz und Hopfen.

Unter diesen Vorzeichen ist die Aufforderung "Wohl bekomm's!" also durchaus wörtlich zu nehmen ...

Veitsbrunnenweg 3-8, 89073 Ulm
fon (0731) 164-0
fax (0731) 164-200

info@goldochsen.de
www.goldochsen.de
www.oxx.de

REALGRUND AG

Solides Fundament

„Architektur beginnt, wenn zwei Steine sorgfältig übereinander gelegt werden," lehrte der Bauhaus-Direktor Mies van der Rohe. Genau genommen, beginnt sie weitaus früher. Denn mit der Grundsteinlegung haben bereits viele Denkprozesse und Arbeitsschritte einen erfolgreichen Abschluss gefunden.

Vom ersten Moment an wird bei REALGRUND intensiv voraus- und nachgedacht, gründlich strukturiert und organisiert, um die bestmöglichen Grundlagen und Bedingungen für Lebens- und Wohnräume mit Substanz und Werthaltigkeit zu schaffen.

Seit mehr als 35 Jahren realisieren wir, die REALGRUND AG, große öffentliche und private Bauvorhaben. Dabei war es immer unser Ziel, auf dem Gebiet der Baukultur einen nachhaltigen Mehrwert für Kapitalanleger, Betreiber und Menschen im Umfeld zu schaffen, durchgehende Qualität auf allen Feldern des Bauens zu gewährleisten und mit langfristig wertbeständigen Kapitalanlagen das Vertrauen unserer Auftraggeber zu erarbeiten. Was gründlich geplant und gut gebaut ist, hat Bestand.

Menschlicher Maßstab

Das Credo von REALGRUND ist ein sensibilisiertes Bewusstsein für gutes Planen und Bauen, das optisch ausgewogene Bauwerke hervorbringt. Der Maßstab, an dem sich unsere Architektur messen lassen muss, ist ihre Gebrauchsfähigkeit im Alltag und Lebensqualität für die Menschen, die ästhetische Integration des Baukörpers in das Landschaftsbild oder in die urbane Struktur.

Schritt für Schritt werden dafür alle technischen und wirtschaftlichen Komponenten geklärt, baurechtliche Vorgaben und bautechnische Neuerungen ausbalanciert. Am Ende stehen Immobilienentwicklungen nach Maß für die Belange der Investoren und die Bedürfnisse der Nutzer – systematisch ausgereifte Gedankengebäude, die den vorhandenen Raum unter architektonischen, ökologischen und ökonomischen Gesichtspunkten optimal ausnutzen.

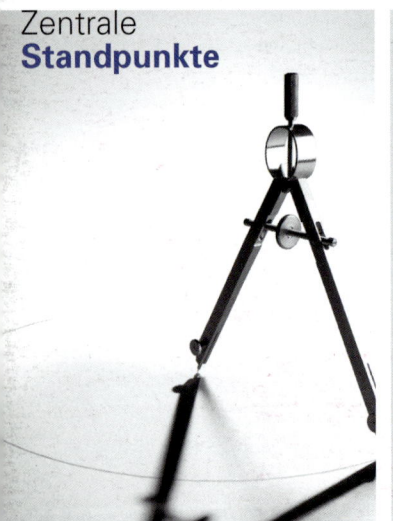

Zentrale Standpunkte

Unser Unternehmen REALGRUND ist in den vergangenen Jahrzehnten kontinuierlich gewachsen und hat seinen Wirkungskreis auf ganz Deutschland ausgeweitet. Bauen ist und bleibt aber ein gesellschaftlicher Auftrag, der global konzipiert werden muss, sich aber stets lokal manifestiert und deshalb nicht global betrachtet werden kann. Hohe Sensibilität für die Bedingungen am konkreten Standort und das Bewusstsein für örtliche Strukturen sind erforderlich, um die Qualitätsanforderungen von Immobiliennutzern und Eigentümern zu erfüllen.

Mit eigenen Projekten und Objekten im Auftrag renommierter institutioneller Investoren haben wir in der Vergangenheit mit zahlreichen Bauwerken das Gesicht vieler Städte mit geprägt. Immer wieder werden unsere Bürokomplexe an den großen Magistralen zu Kristallisationspunkten städtischer Identität.

Alle diese Zeugen für die Qualitätsmaßstäbe unserer Baukultur tragen Züge einer sachlichen Formensprache und elementaren Bauweise, die auch in Zukunft die Substanz unseres Denkens und Handelns bleiben werden.

BAUEN MIT SUBSTANZ

BRAUERVIERTEL ULM
STADT LEBEN

Stadtquartiere
Nach der Ära der Landflucht erleben wir eine Gegentendenz: Der Lebensmittelpunkt wird wieder in die Stadt verlagert. Selbst junge Familien kommen wieder in die Städte zurück, um sich den Wunsch nach Bildung für das Kind zu erfüllen. Als zeitgemäße Antwort auf das Thema urbanen Lebens mit funktionsgemischter, kleinteilig organisierter Quartier-Bildung entwickeln wir Konzepte, die der Fortentwicklung der Lebensqualität und Profilierung einer Stadt Impulse geben.

Seniorenwohnen: neue Untersuchungen belegen, dass schon jüngere Ältere immer lieber in gemeinschaftliche Wohnprojekte ziehen und dort als Einzelne unter vielen ein selbst organisiertes und selbstständiges Leben führen wollen. In Kooperation mit namhaften Sozialinstitutionen entwickeln unsere Experten dafür Häuser nach Maß mit intelligent vernetzten Wohnungen und barrierefreier Ausstattung.

Bürokomplexe
Der Übergang zur Wissens- und Informationsgesellschaft und die Flexibilisierung der Arbeitswelt stellen neue Anforderungen an die Arbeitsorganisation. Der Schlüssel zum Erfolg sind Büroraumkonzepte mit multifunktionaler Nutzbarkeit und hoher Flächenproduktivität, die sich problemlos dem jeweiligen Nutzerinteresse anpassen lassen und nicht nur heute, sondern auch noch in der Zukunft marktfähig sind. Wir erstellen Bürokomplexe inmitten und am Rande der City, funktionsorientiert konzipiert, technisch hochwertig ausgestattet und anpassungsfähig für spätere Umnutzungen. Häufig entstehen solche REALGRUND-Bauten als Public Private Partnership-Modelle, bei denen wir den Investor stellen, unser immobilienspezifisches Know-how und den Full Service als Immobiliendienstleister einbringen.

Komplette Leistung
Wenn REALGRUND bei Großprojekten als Generalunternehmer eingeschaltet wird, haben die Auftraggeber nur einen Ansprechpartner, der sämtliche Aktivitäten für sie koordiniert. Wir erbringen mit unserem aktiven Netzwerk planender und bauender Mitarbeiter alle geforderten Leistungsfacetten in technischer, wirtschaftlicher und organisatorischer Hinsicht. Ein großes Zukunftsthema unserer Gesellschaft sind gemeinschaftliche Bauprojekte von privaten Investoren mit öffentlichen Auftraggebern, die „Public Private Partnerships" (PPP). REALGRUND bietet Kommunen, Behörden und Ministerien in Bund und Land die Plattform für schlüsselfertig erstellte Immobilien, die genau auf die Anforderungsprofile der Nutzer abgestimmt sind und ihnen angesichts leerer Haushaltskassen Liquiditätsreserven schaffen.

REALGRUND AG
Bürocenter Karlsbau
Karlstraße 31-33
89073 Ulm
Telefon 0731.14 47-62
www.realgrund.de

Wir bieten Lösungen ...

Allgaier Gruppe
Max-Eyth-Straße 20
89231 Neu-Ulm
Tel.: 0731-97 44 0-0
Fax: 0731-97 44 0-26

alles aus einer Hand!

allgaier gruppe – Vielfalt in Logistik
www.allgaier-gruppe.de · info@allgaier-gruppe.de

Vielfalt in Logistik ...

Die allgaier-Gruppe besteht aus der Allgaier Spedition GmbH, der Allgaier Verpackungs GmbH & Co. KG, der Allgaier Bau- und Sanierungstechnik GmbH und der MWS Material-Wirtschafts-Systeme GmbH. Die Gruppe schöpft Synergien bei der Erbringung eines komplexen Dienstleistungs- und Produktspektrums für Industrieunternehmen.

Beispielsweise bietet die Gruppe in einem Geschäftsfeld die **weltweite Verlagerung kompletter Industriebetriebe und Transferstrassen** an. Die Spedition sorgt dabei mit eigenem Personal und Equipment für die **De- und Remontage von Maschinen und Anlagen** und selbstverständlich auch für den **Transport** und die **Verzollung**. Die Verpackungs GmbH & Co. KG übernimmt die **Verpackung**, die **Konservierung** der Maschinen und den **Verstau in Container** oder in eigens hergestellte **Transportkisten**. Sollten an einem der Industriestandorte noch **Sanierungsarbeiten** oder **bauliche Veränderungen** anstehen, wird die Allgaier Bau- und Sanierungstechnik GmbH eingesetzt. Für einen **optimalen Materialfluss** beim Industrieunternehmen, die **just-in-time-Versorgung**, die Einführung und das Betreiben von **Kanban-Systemen** und das **komplette C-Teile-Management** sorgt die MWS Materialwirtschafts-Systeme GmbH.

Als Generalunternehmen übernimmt die allgaier-gruppe die Gesamtverantwortung für die Projekte; Beratung, Planung und Durchführung liegen in einer Hand. Hierdurch werden zeit- und kostenintensive Schnittstellenprobleme vermieden, Kosten gesenkt und Synergien genutzt. Das Industrieunternehmen hat einen **persönlichen Ansprechpartner**. Bei der Durchführung der Dienstleistungen setzt die Gruppe auf **eigenes Equipment** (Spezial-LKW, Montagegeräte, Hubgeräte, Spezialwerkzeuge, eigener Verpakkungsfachbetrieb, usw.) und **eigene spezialisierte und qualifizierte Mitarbeiter**. Oberste Priorität der Gruppe ist die Zufriedenheit der Kunden. Die gesamte allgaier-gruppe ist zertifiziert nach ISO 9001:2000 und lebt ein funktionierendes Qualitäts-Management-System.

Wir freuen uns für Sie tätig zu werden!

**Innovativ denken und planen:
Gewerkeübergreifende Gebäudeplanung**

**Ingenieurbüro für
Gebäudetechnik
Energietechnik
Umwelttechnik**

Ulm | Günzburg

Conplaning GmbH

Eberhardtstraße 60, 89073 Ulm
Ruf 0731 - 9220 - 150, Fax 0731 - 9220 - 155
info@conplaning.de, www.conplaning.de

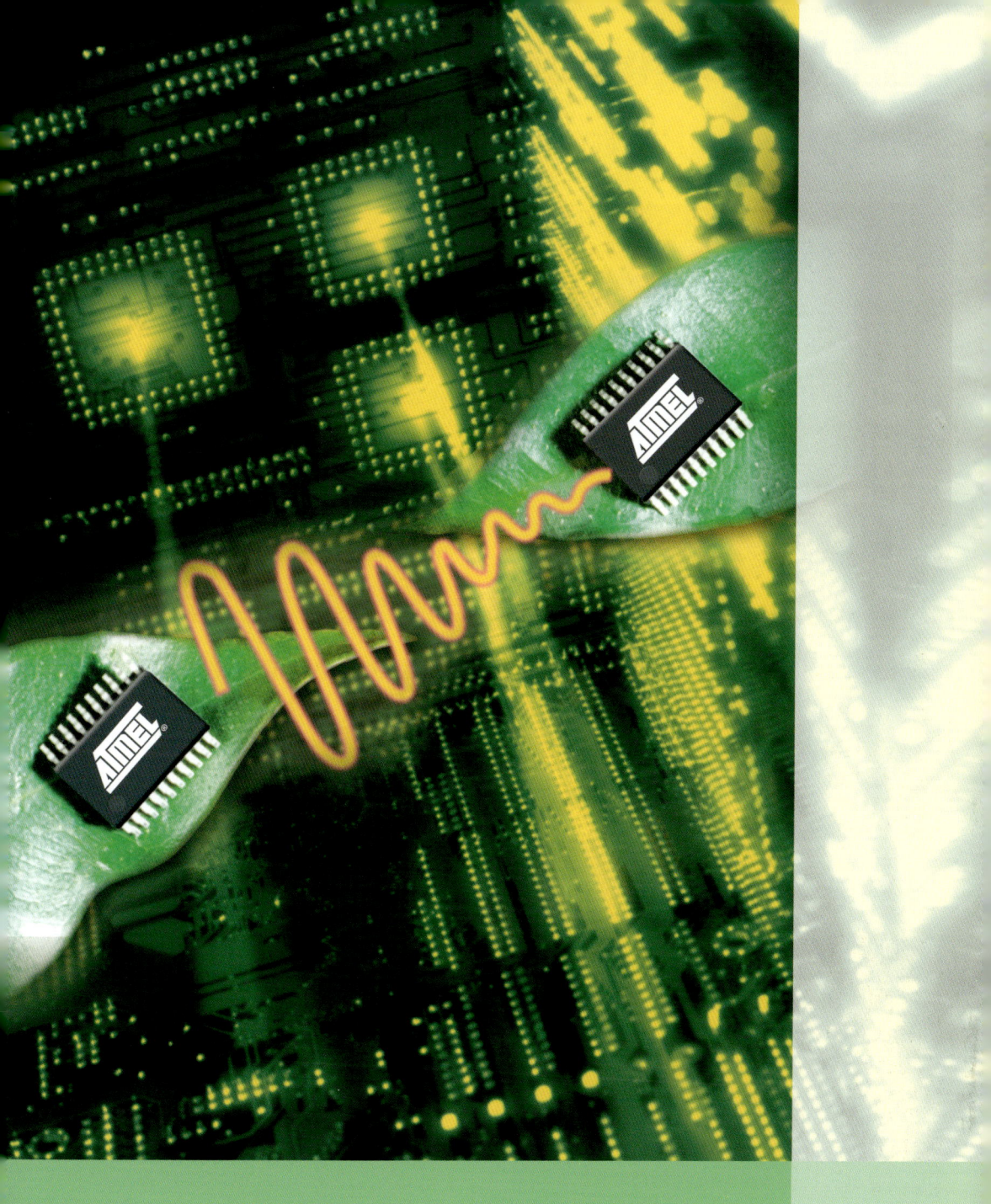

Innovative Lösungen für HF und Automotive

Atmel ist ein global operierender Hersteller von Logic- und Mixed-Signal-Produkten, nichtflüchtigen Speichern sowie Hochfrequenz-Bauelementen, mit Produktionsstätten in Nordamerika und Europa.

In Deutschland entwickeln, produzieren und vertreiben wir als Funktionsspezialist innovative Halbleiterprodukte für Kommunikations-, Automobil- und Identifikationsanwendungen. Insbesondere im Bereich der Silizium-Germanium-Technologie sind wir international führend.

Unsere Mitarbeiter am Standort Ulm entwickeln innovative Lösungen in den Bereichen digitaler Rundfunk, Navigationssysteme und Komponenten für optische Speichermedien.

Weitere Informationen finden Sie unter www.atmel.com.

© 2006, Atmel Corporation. Alle Rechte vorbehalten. Atmel®, das Atmel-Logo und Everywhere You Are® sind eingetragene Warenzeichen der Atmel Corporation oder ihrer Tochterfirmen. Andere Begriffe und Produktnamen können Warenzeichen anderer Firmen sein.

ATMEL
Everywhere You Are®

BRAUN Digitaldruck Ulm GmbH
Ein starker Partner in der Region

> DIE ZUKUNFT IM KOPF –
> MIT TECHNIK VOM F(E)INSTE(I)N
>
> BRAIN
>
> Firmenportrait

Wir realisieren ihre Vorhaben und Projekte bei Ausstellungen, Kongressen, Messen, Leitsystemen, P.O.S., DEKO, Veranstaltungen, Werbedrucksachen ... und vieles mehr.

Joachim Braun, Gründer und geschäftsführender Gesellschafter der Braun Digitaldruck Ulm GmbH, geht gerne neue Wege und treibt innovative Ideen voran. Er setzte schon vor über 15 Jahren auf die Vorteile digitaler Drucktechniken, als andere noch mit ausschließlich herkömmlichen Techniken wie Offsetdruck, Siebdruck, Tampondruck usw. arbeiteten.

Innovative Drucktechniken und deren Umsetzung in Produkte mit hohem Nutzen für die Kunden waren immer eine treibende Kraft für das Team bei Braun. Eine Besonderheit des Unternehmens ist das Bedrucken von textilen Materialien im digitalen Druckverfahren. 1996 entwickelten die Ulmer weltweit das erste System für dieses Verfahren. Mittlerweile kommen textile Stoffe in der Werbebranche immer häufiger zum Einsatz. Vor allem für Präsentationssysteme, Messewände, Kulissen, Werbebanner und Schaufensterdekorationen hat der textile Stoff anderen Materialien schon seit längerem den Rang abgelaufen.

Im Bereich digitaler Drucktechniken wurde das Unternehmen schnell zum Marktführer in der Region Ulm und Neu-Ulm.

Braun Digitaldruck Ulm GmbH bietet seinen Kunden maßgeschneiderte, individuelle Lösungen für ihre Vorhaben und Projekte. Diese reichen von der Produktion von Bannern und Plakaten, Fahrzeugbeschriftungen, Leitsystemen, Point of Sale, über Präsentationssysteme, bis hin zu komplexen Messeständen.

Mit für den Erfolg verantwortlich ist auch das Marketing bei Braun, das von Beginn an für die Produktionsbereiche Marken definiert und am Markt etabliert hat. So heißt der Textildruck bei Braun Photex®, der Tintenstrahldruck VarioJet® und der laserbasierende Digitaldruck VarioPress®.

Das kompetente Team von Braun nimmt dank seiner qualitativ hochwertigen Arbeit einen Spitzenplatz in der Branche ein. Die innovative, stets am Kunden orientierte Strategie trägt maßgeblich zum Erfolg des Unternehmens bei.

Wir von der Firma Braun wünschen der Wissenschaftsstadt weiterhin viel Erfolg in der Umsetzung der Ziele für Spitzenleistungen in unserer Region.

BRAUN Digitaldruck Ulm
Buchbrunnenweg 14
D-89081 Ulm-Jungingen
Telefon (07 31) 96 99 99-0
Telefax (07 31) 96 99 99-45
info@braun-digital.net
www.braun-digital.net

COMFOR
Hotel Frauenstrasse 51

Herzlich Willkommen

89073 Ulm-Donau
Tel. (07 31) 96 49-0 Fax (07 31) 96 49-499
www.comfor.de hotel-fr@comfor.de

In unseren komfortablen, großzügig gehaltenen Zimmern mit Dusche/WC, Selbstwahl-Telefon, Premiere-TV, Kühlschrank und Haarfön fühlen Sie sich wie zu Hause. Schreibtisch und direkter Internet-Anschluss in den Zimmern ermöglichen Ihnen, Ihren geschäftlichen Verpflichtungen auch bei Ihrem Aufenthalt im schönen Ulm nachzukommen. Einige Familienzimmer sowie unsere geräumigen Appartements mit jeweils zwei Zimmern ermöglichen Ihnen kostengünstige Aufenthalte auch für mehrere Personen.
Auf den Etagen stehen Getränkeautomaten für Sie bereit; Münzwaschmaschine und -trockner sind ebenfalls im Hause vorhanden.

Für Fragen und Wünsche steht unser freundliches und geschultes Personal 24 Stunden am Tag zu Ihrer Verfügung.

Hotel garni beim Neuthor
reines **NICHTRAUCHER** Haus!

Neuer Graben 17
89073 Ulm-Donau
Tel. (0731) 975279-0
Fax (0731) 975279-399
www.hotel-neuthor.de

Wo einst der "Neuthor" Turm die Ulmer Altstadt im Norden bewachte, empfängt Sie heute eines der modernsten und komfortablesten Hotels unserer Stadt. Beim Blick aus einem unserer Zimmer auf die historische Stadtbefestigung kann man sich beinahe um einige Jahrhunderte zurück versetzt fühlen. Geniesen Sie die Vorzüge einer ruhigen und zentralen Lage der historischen Altstadt.

Unsere 24 Nichtraucher-Zimmer bieten Ihnen modernsten Komfort. Dusche/WC, Premiere-TV und Telefon gehören selbstverständlich zum Standart. Ein Schreibtisch mit Internet-Anschluss, Minibar und einiges mehr sind in die stilvolle Einrichtung integriert.

Für Fragen und Wünsche steht unser freundliches und geschultes Personal von 6.30 Uhr bis 23.00 Uhr zu Ihrer Verfügung.

BRENNSTOFFZELLEN, BATTERIEN UND SUPERKONDENSATOREN

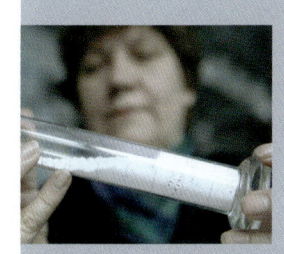

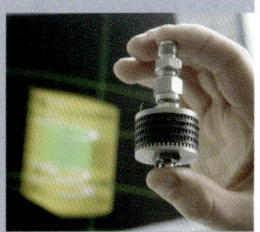

Im Zeitalter der knapper werdenden fossilen Energieressourcen, der zunehmenden lokalen Schadstoffbelastung und der globalen Klimaproblematik gewinnt die saubere und effiziente Umwandlung und Speicherung von Energie immer mehr an Bedeutung. Moderne Batterien, Superkondensatoren und Brennstoffzellen spielen hierbei eine zentrale Rolle. Die Anforderungen an leistungsfähige, sichere und kostengünstige Batterien werden immer höher, ob für Hybridfahrzeuge oder in der Kommunikationstechnologie. Brennstoffzellen gewinnen weltweit schnell an Bedeutung, sowohl in hocheffizienten und emissionsfreien Fahrzeugantrieben, als auch bei der dezentralen Strom- und Wärmeerzeugung. Das ZSW ist der Entwicklungspartner für Industrie und Hochschulen.

Helmholtzstraße 8
89081 Ulm
Tel +49 (0)731 9530-0
Fax +49 (0)731 9530-666
www.zsw-bw.de

ZSW
Zentrum für Sonnenenergie
und Wasserstoff-Forschung (ZSW)
Baden-Württemberg

Wer das Auto erfindet, denkt auch über die Energie der Zukunft nach.

DaimlerChrysler verfolgt ein klares Ziel: die Mobilität ohne Emissionen. Neben der Weiterentwicklung von Motoren und alternativen Antrieben arbeiten wir auch an umweltfreundlichen Kraftstoffen. Darum haben wir gemeinsam mit unseren Partnern SunDiesel entwickelt. Dieser neue Diesel der Zukunft wird aus Biomasse hergestellt, zum Beispiel aus Holzabfällen oder Stroh – er ist gespeicherte Sonnenenergie. Und das Schönste an SunDiesel ist, dass bei der Verbrennung im Motor nur so viel CO_2 frei wird, wie die Pflanze während ihres Wachstums aus der Luft entnommen hat. An dieser Idee arbeiten wir weiter.

Weitere Informationen unter www.daimlerchrysler.com

DAIMLERCHRYSLER

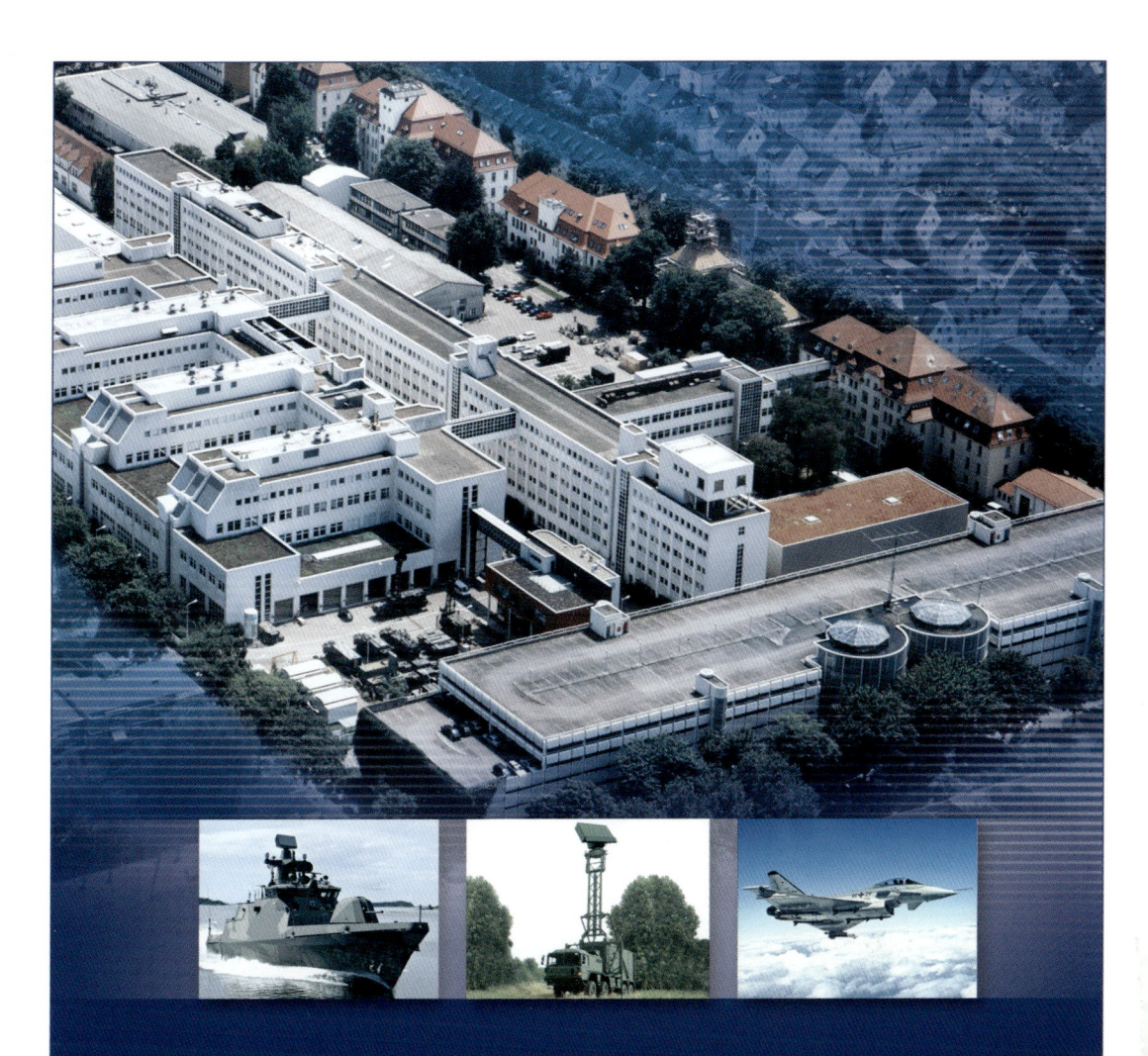

Perspektiven für die Zukunft.

20 Jahre Wissenschaftsstadt Ulm. Für die Mitarbeiterinnen und Mitarbeiter der auf dem Ulmer Eselsberg ansässigen Firmen sowie für die Bürger der Stadt ist das ein bedeutsames Jubiläum, zu dem die EADS in Ulm gerne gratuliert.

Auch unser Standort hat eine lange Historie und ist schon ein halbes Jahrhundert unter wechselnden Firmennamen auf dem Gelände der ehemaligen Sedankaserne in der Weststadt vertreten: TELEFUNKEN, AEG, Daimler-Benz Aerospace, EADS – Meilensteine einer Erfolgsgeschichte. Die Konstante in diesem Wandel sind mehr als 50 Jahre Pionierleistungen in der Verteidigungstechnik. Gegenwärtig arbeiten hier rund 2.500 Mitarbeiter vor allem an der Entwicklung, Fertigung und Integration von hochkomplexen Sensoren, Avioniksystemen sowie elektronischen Selbstschutzsystemen für alle luft-, land- und seegestützten Plattformen der Streitkräfte.

Damit ist die EADS einer der größten Arbeitgeber und ein bedeutender Wirtschaftsfaktor in der Innovationsregion Ulm.

EADS
Wörthstraße 85
89077 Ulm

www.eads.com

EADS

Wissen ist hier!

Hochschule Ulm
Technik, Informatik & Medien
University of Applied Sciences

- Digital Media
- Energietechnik und Energiewirtschaft
- Fahrzeugelektronik
- Fahrzeugtechnik
- Industrial Engineering und Logistics
- Industrial Management
- Industrieelektronik
- Maschinenbau
- Mechatronik
- Medizinische Dokumentation und Informatik
- Medizintechnik
- Nachrichtentechnik
- Produktionstechnik und Organisation
- Sustainable Energy Competence
- Technische Informatik
- Wirtschaftsinformatik
- Wirtschaftsingenieurwesen
- Wirtschaftsingenieurwesen und Logistik

Hochschule Ulm
Prittwitzstr. 10
89075 Ulm

Fon (07 31) 50-2 81 02
Fax (07 31) 50-2 82 70
info@hs-ulm.de

---

tA Technische Akademie Ulm e. V.
www.ta-ulm.de

Erfahrener und kompetenter Partner, gemeinsam mit der Hochschule Ulm, in der Wissenschaftsstadt Ulm für:

- Weiterbildung und Personalentwicklung von Einzelpersonen
- Weiterbildungsdienstleister für Unternehmen
- Projektpartner für die Bundesagentur für Arbeit
- Veranstalter des bundesweiten Lehrganges

"Ausbildung zur/zum fachkundigen, geprüften Datenschutzbeauftragten nach dem Ulmer Modell"

Kontakt:
Technische Akademie Ulm e. V.
Prittwitzstraße 10
89075 Ulm
Telefon (0731) 50-28168
Telefax (0731) 50-28167
E-Mail tau@hs-ulm.de

ZUKUNFTSFORSCHUNG & WISSENSMANAGEMENT

FÜR EINE NACHHALTIGE ZUKUNFT

DURCH VERANTWORTUNG UND GOOD GOVERNANCE ZU GLOBALER NACHHALTIGKEIT

AM FAW/N BEARBEITETE THEMEN

- Wie sieht eine bessere Gestaltung der Globalisierung aus?
- Wie lässt sich eine bessere Gestaltung der Globalisierung durchsetzen?
- Wie sollen Gesellschaften unter inadäquaten weltweiten Ordnungsbedingungen agieren? (situatives Herangehen; Doppelstrategie)
- Was bedeutet situatives Handeln der einzelnen Regionen der Welt, vor allem Europas?
- Was heißt Doppelstrategie für Deutschland und seine Bundesländer?
- Wie sollen sich Unternehmen, Institutionen und die Bürgerschaft in Zeiten der Globalisierung positionieren?
- Wie sieht eine intelligente situative Ausgangsstrategie bei Globalisierungszwängen im sozialen Bereich aus?
- Wie sieht eine adäquate Ausrichtung und Organisation des Bildungssystems unter heutigen Weltordnungsbedingungen aus?
- Wie können Firmen in den heutigen schwierigen Zeiten überleben?
- Wo liegen Chancen für neue Wertschöpfungsprozesse?
- Was sind die ethischen Orientierungspunkte für Menschen in diesen schwierigen Zeiten?
- Kann ein Krieg um Ressourcen verhindert werden?
- Kann ein Clash of Civilizations verhindert werden?

FAW/n Ulm
Forschungsinstitut für anwendungsorientierte Wissensverarbeitung/n
Lehrstuhl für Informatik an der Universität Ulm
Lise-Meitner-Straße 9 | 89081 Ulm
Postfach 18 04 | 89008 Ulm
Telefon: +49 731 50 - 39000
Fax: +49 731 50 - 39999
e-Mail: info@faw-neu-ulm.de
web: http://www.faw-neu-ulm.de

Hagmann Umzüge
sorgfältig + schnell
Betriebs- und Privatumzüge · Transporte International

+ Service-Umzüge für Privathaushalte
+ Profi-Umzüge für den Betrieb
+ Mietcontainer und Lagerservice
+ Auslandsumzüge, Überseeverpackungen
+ Handwerker-Service beim Umzug
+ Gabelstapler und Außenaufzug
+ Maschinentransporte, fachgerecht
+ Eil- und Schnelltransporte
+ Spezial-Transporte für sensible Güter

Das Familienunternehmen Hagmann Umzüge GmbH wurde 1977 gegründet und verfügt somit über eine langjährige Erfahrung im Bereich Umzugs- und Speditionswesen.

Unser Betrieb beschäftigt etwa 40 gewerbliche Mitarbeiter und zählt zu den großen Umzugsspeditionen in Baden-Württemberg.

Neben privaten Umzügen, national wie international, haben wir uns insbesondere auf Betriebsverlagerungen spezialisiert. Hinzu kommen Maschinentransporte mit De- und Remontagen.

An unserem Firmensitz in Ulm verfügen wir über ein Lager, welches auch für hochwertige Maschinen und Geräte geeignet ist, sowie über Lagercontainer in verschiedenen Größen.

Hagmann Umzüge GmbH
Graf-Arco-Straße 8 - 89079 Ulm
Tel.: 07 31 / 9 46 10 - 0
Fax: 07 31 / 9 46 10 - 90
Info@hagmann-umzug.com
www.hagmann-umzug.com

HELDELE GmbH

Elektro-Kommunikations-Technik

Elektroanlagen

Beleuchtungstechnik

Netzwerk-Datentechnik

Maybachstraße 8, 89079 Ulm
Tel. 0731/47091
Fax 0731/481896

www.heldele-ulm.de
buero@heldele-ulm.de
cad@heldele-ulm.de

HIRN

GmbH Wirtschaftsprüfungsgesellschaft

nomen est omen

Als **einzige Kanzlei der Region** Ulm/Neu-Ulm/Alb-Donau-Kreis gehören wir lt. Focus-Money 35/2005 zu den **TOP-Steuerexperten Deutschlands.** Mit unserem Fachwissen in **nationalen und internationalen Steuer- und Wirtschaftsfragen** stehen wir auch Ihnen gerne zur Verfügung.

Schützenstraße 3, 89231 Neu-Ulm
Telefon 0731/9 62 30-0 Telefax 0731/9 62 30-20
E-Mail: info@hirnwpgmbh.de

Die Nutzung des Gebäudes steht im Vordergrund – dahinter steckt immer ein kluges GOLDBECK-System

„Bauen können viele – maßgeschneiderte und kompetente Dienstleistungen auch rund ums Bauen und Betreiben von Immobilien aus einer Hand bieten nur wenige an." Getreu dieser Maxime hat sich die Goldbeck-Gruppe als Bau- und Dienstleistungsunternehmen für gewerbliche und öffentliche Projekte am Markt positioniert.

Wichtiges Kriterium dabei ist die direkte Nähe zum Kunden, denn der steht mit seinen Anforderungen an das Gebäude im Mittelpunkt aller Betrachtungen. Auf dieser Grundlage hat sich der Gedanke des systematisierten Bauens immer weiter entwickelt. Aus der ursprünglichen Idee vor über 30 Jahren, das Bauen einfacher, schneller und kostengünstiger zu gestalten, hat sich dieser Gedanke durch intelligente Vernetzungen und eine kontinuierlich wachsende Dienstleistungspalette immer mehr perfektioniert.

So entwickelt GOLDBECK die Möglichkeiten des systematisierten Bauens stetig fort, damit sie den Kundenansprüchen aus Industrie, Logistik, Handel und Verwaltung sowie Sport, Parken und Solar immer gerecht werden. Je mehr im Bauen systematisiert wird, umso größer wird der Kundenvorteil – durch erhebliche Zeiteinsparung, flexible Gestaltung, kontrollierte Qualität und einen wirtschaftlichen Preis. Dabei wird auch der Lebenszyklus eines Gebäudes systematisch betrachtet, denn neben der Kosteneffizienz in der Bauphase haben die GOLDBECK-Planer ebenso die künftigen Betriebskosten des Gebäudes im Blick.

Und auch nach dem Einzug lässt GOLDBECK seine Auftraggeber nicht alleine. Auf Wunsch bieten Tochterunternehmen wie die GOLDBECK Gebäudemanagement GmbH oder die GOLDBECK Solar GmbH weitere maßgeschneiderte Dienstleistungen rund um das fertiggestellte Gebäude – als Leistungspaket für die Zukunft. Denn auch der Mittelstand vergibt zunehmend Aufgaben, die nicht zu den eigenen Kernleistungen zählen, an externe Dienstleister – die zumeist mit höherer Kompetenz, allemal mit geringeren Kosten diese Tätigkeiten übernehmen.

Trotz seiner rund 1500 Mitarbeiter ist GOLDBECK bis heute ein mittelständisch geprägtes Unternehmen geblieben. Daher ist GOLDBECK in diesem Segment auch besonders erfolgreich. Mit intensiver Kundenberatung und kompetenter Projektbegleitung konzipiert, baut und betreut die Geschäftsstelle Ulm im Science Park II auch Sie aktiv hier in der Region – mit System direkt vor Ort.

Raum
- konzipieren
- bauen
- betreuen

GOLDBECK arbeitet nach der Philosophie „konzipieren, bauen, betreuen" und gehört damit zu den treibenden Kräften im Gewerbebau. Der Kunde bekommt ganzheitliche Lösungen aus einer Hand. Die geschlossene Dienstleistungskette reicht vom maßgeschneiderten Konzept über die Planung und Erstellung eines Bauwerks bis hin zum Gebäudemanagement.

■ **GOBAPLAN**
Büro- | Geschäftshäuser
■ **GOBAPLUS**
Betriebs- | Funktionshallen
■ **GOBACAR**
Parkhäuser | Parkdecks
■ **GOBASPORT**
Sport- | Veranstaltungshallen
■ **GOBASOLAR**
Gewerbliche Solaranlagen

24 x in Deutschland. Dazu in England, Österreich, Polen, der Slowakei, Tschechien und Ungarn.

GOLDBECK Süd GmbH
Lise-Meitner-Straße 9
Science Park II | 89081 Ulm
Tel. 07 31/ 9 34 07-0, Fax -19
www.goldbeck.de

GOLDBECK

Standort stärken
IHK Ulm
Geschäftsfeld Standortpolitik

- Cluster-Initiative
- Güterverkehrszentrum (GVZ)
- Handelskonzept für die Region – kein ECE
- Hochschule 2012
- Internationale Schule Ulm/Neu-Ulm
- Konjunkturberichte
- Kooperationszentrum Verkehr und Logistik Ulm/Augsburg
- Leitbild Verkehr
- Modellregion für Bürokratieabbau
- Regionalmarketing
- Regionalstatistik – DatenCheck
- Standort- und Firmeninformationssystem (SISFIT)
- Vergleich der Kommunalhaushalte

IHK Ulm

Haus der Wirtschaft
Olgastraße 97–101
89073 Ulm

Tel. 0731 / 173 - 0
Fax 0731 / 173 - 173
info@ulm.ihk.de
www.ulm.ihk24.de

Standortpolitik | Starthilfe | Unternehmensförderung | Aus- und Weiterbildung | Innovation | Umwelt | International | Recht | Fair Play

3-D Visualisierung mit INFITEC

3-D Brille

Erleben Sie **vollfarbige dreidimensionale Bildprojektion** in bisher unerreichter Qualität: Stereoskopische Darstellung durch die Verknüpfung des Wellenlängenmultiplex-Prinzips mit der Interferenzfiltertechnik.

Projektionssystem
- Größe und Gewicht entspricht handelsüblichen Projektoren
- für alle gängigen Projektionsflächen geeignet

Anwendungsbereiche
- Virtuelle Realität
- Darstellung von CAD und CAE Daten z.B. in Maschinenbau und (Innen-)Architektur
- Flug- und Fahrzeugsimulatoren
- Stereoskopische Bildinhalte in der Medizintechnik wie z.B. Stereoendoskopie
- 3D-Spiele, Infotainment

F3 Serie mit INFITEC

INNOVATIONSPREIS 2006
initiative **mittelstand**
AUSZEICHNUNG
Optische Technologien

INFITEC
3-D Visualisierungssysteme

INFITEC GmbH
Lise-Meitner-Straße 9
89081 Ulm
Tel +49 731 550 299 56
Fax +49 731 550 299 61
info@infitec.net
www.infitec.net

MARITIM
Hotel Ulm

Ihre 1. Adresse...

...für Feste, Tagungen und Kongresse:

- „Einsteinsaal" mit Bühne und Orchestergraben bis 1.500 Personen, 17 weitere Bankett- und Konferenzräume bis 300 Personen
- 287 elegant eingerichtete Zimmer und Suiten
- 3 Restaurants, Panoramacafé, Pianobar mit Live-Musik
- Hallenschwimmbad, Sauna, Dampfbad, Solarium und Fitnessgeräte
- Tiefgarage

MARITIM Hotel Ulm · Basteistraße 40 · 89073 Ulm
Telefon 0731 923-0 · Telefax 0731 923-1000
info.ulm@maritim.de · www.maritim.de

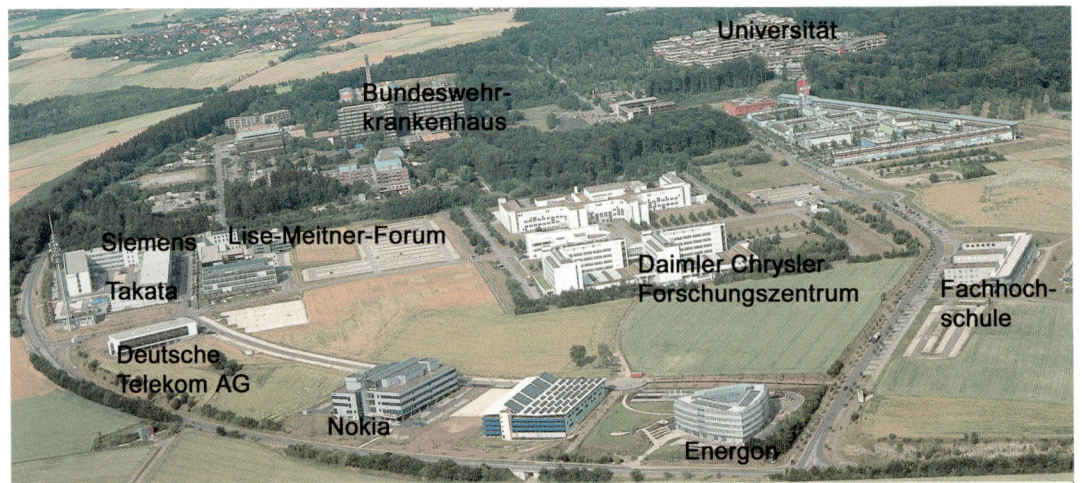

Wissenschaftsstadt / Science Park Ulm

Die Innovationsregion Ulm – Spitze im Süden e.V.

Gemeinsam Stärke beweisen

Ein attraktives Umfeld mit starken Unternehmen und Forschungseinrichtungen, beste Verkehrsverbindungen, eine hervorragende Infrastruktur und eine Bevölkerung, die sich in ihrer Heimat wohl fühlt: So präsentiert sich die Innovationsregion Ulm im nationalen und internationalen Wettbewerb der Regionen als interessante und intelligente Standortalternative zwischen den Ballungsräumen Stuttgart und München.

Zur Verwirklichung eines ganzheitlichen Marketings für die Region – bestehend aus den Städten Ulm und Neu-Ulm, dem Alb-Donau-Kreis und dem Landkreis Neu-Ulm – wurde im Dezember 1997 unter Mitwirkung der IHK Ulm der »Verein zur Förderung der Innovationsregion Ulm – Spitze im Süden e. V.« gegründet. Sein Ziel ist die Förderung der Region als Wissenschafts- und Wirtschaftsstandort.

Dafür wurde eine Marketingkonzept entwickelt, das auf der engen Zusammenarbeit von Landkreisen, Städten und Gemeinden, Wirtschaft und Gewerbe, Kammern, Wissenschaft, kulturellen Trägern und anderen Institutionen in der Region aufbaut. Mit den verschiedensten Marketinginstrumenten und zahlreichen Maßnahmen werden die Stadtortvorteile unserer Region kommuniziert, potenzielle Investoren und hoch qualifizierte Arbeitskräfte gleichermaßen angesprochen.

EdisonCenter, Neu-Ulm

Neben den Gründungsmitgliedern identifizieren sich inzwischen mehr als 80 Mitglieder – aus Wirtschaft und Wissenschaft, Kommunen sowie aus dem Bildungs- und Kulturbereich – mit dem Verein und seinen Zielen.

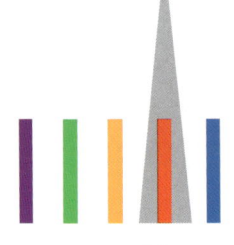

Blautopf, Blaubeuren

Die Innovationsregion Ulm -
Spitze im Süden e. V.
Olgastraße 101 · D- 89073 Ulm
Telefon 0049 (0) 731 173-121
Telefax 0049 (0) 731 173-291
innovationsregion@ulm.ihk.de
www.innovationsregion-ulm.de

DIE INNOVATIONSREGION ULM — SPITZE IM SÜDEN

ratiopharm – eine international agierende Pharmagruppe

Das international ausgerichtete Generikageschäft, die Entwicklung innovativer Medikamente, verbunden mit einer leistungsfähigen und hochmodernen Produktion sind die Standbeine der ratiopharm Gruppe mit Stammsitz in Ulm.
Mit einem Gesamtumsatz von mehr als 1.6 Milliarden Euro im Jahr 2005 ist ratiopharm einer der führenden internationalen Hersteller von preiswerten Arzneimitteln.

Das Unternehmen bietet mit über 750 verschiedenen Präparaten für nahezu jede Erkrankung ein Medikament an. In den 31 Jahren seit der Unternehmensgründung ist ratiopharm damit zu Deutschlands meistverwendeter und meistverordneter Arzneimittelmarke geworden. 2.946 Mitarbeiter setzen im Inland 177 Millionen Packungen ab - international sind es rund 439 Millionen Arzneimittelpackungen mit denen 5.290 Mitarbeiter in 38 Ländern helfen, Krankheiten zu heilen und zu lindern.

Biotechnologische Generika aus einer Hand

Mit der Entwicklung und Produktion von biotechnologischen Medikamenten baut die ratiopharm Gruppe ein neues Standbein zur Zukunftssicherung auf. Dabei bietet die interne Konstellation der Pharmagruppe eine ideale Voraussetzung, um eine neue Generation von biotechnologischen Generika auf den Markt zu bringen. Denn die Erfahrung in der Entwicklung von innovativen Arzneimitteln der Merckle GmbH, Mitglied der ratiopharm Gruppe, sowie das Know-How als international führender Generikaanbieter ergänzen sich ideal.

In vierter Generation in Familienbesitz

Die ratiopharm Gruppe befindet sich seit ihrem Ursprung zu 100 Prozent im Familienbesitz. Das soll auch in Zukunft so bleiben. Seit Ludwig Merckle sen. nach dem zweiten Weltkrieg das Unternehmen wieder neu in Blaubeuren aufgebaut hat, verantwortet heute mit Dr. Philipp Daniel Merckle die vierte Generation die Geschicke der Pharmagruppe.
Diese Kontinuität als Grundlage von partnerschaftlichem Verhältnis zwischen Familie und Mitarbeiterinnen und Mitarbeitern war und ist Garant für eine erfolgreiche unternehmerische Arbeit. „Für mich sind die Erfahrungen und Fähigkeiten unserer Mitarbeiterinnen und Mitarbeiter enorm wichtig, denn daraus schöpfen wir als Unternehmen viel Kraft", so Dr. Philipp Daniel Merckle.

Werteorientierte Unternehmenskultur

Dass menschliche Werte neben Hightech in Forschung und Produktion nicht zu kurz kommen, ist für ratiopharm selbstverständlich. So gehört die Vereinbarkeit von Beruf und Familie zu den Eckpfeilern der Unternehmensphilosophie. Bereits 2003 erhielt ratiopharm für sein außerordentliches Engagement in diesem Bereich das Zertifikat zum Audit „Beruf und Familie". Denn Familie schafft Werte, auf die auch die Wirtschaft nicht verzichten kann.

ratiopharm
Gute Preise. Gute Besserung.

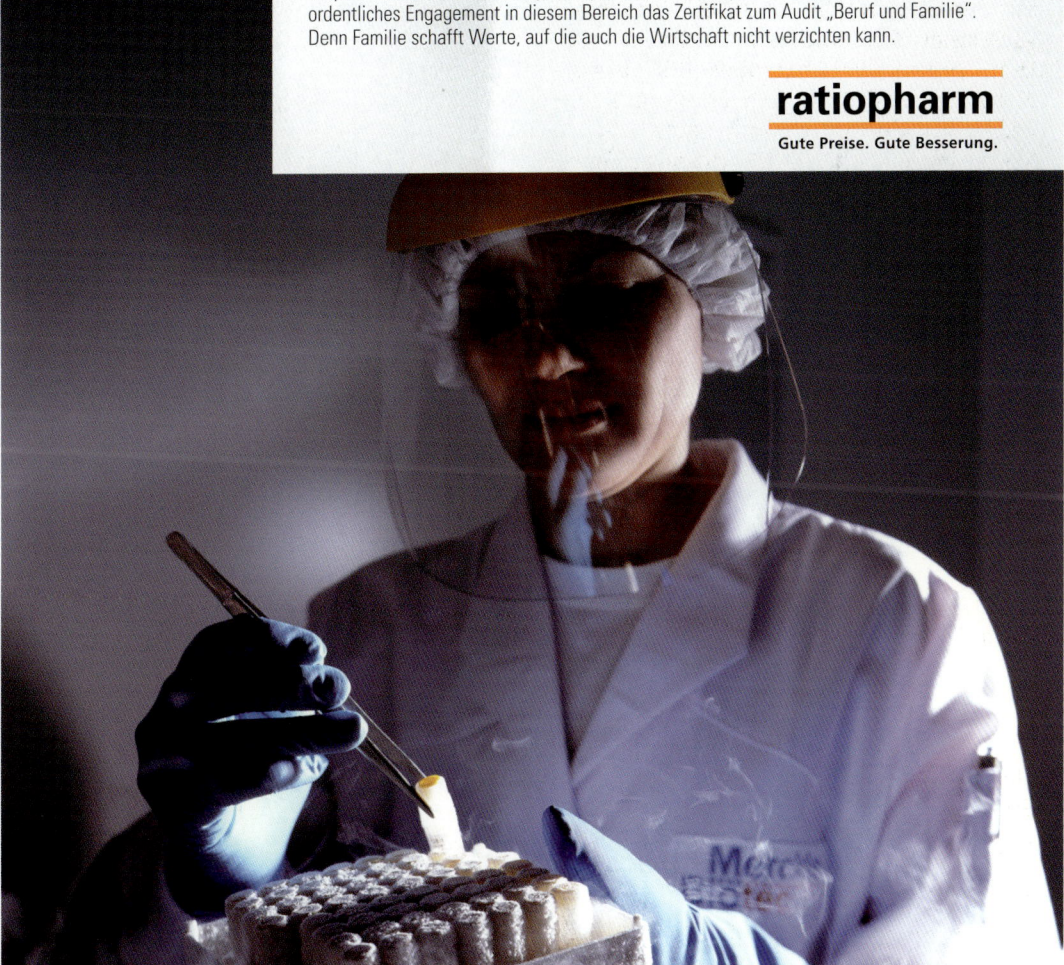

Leistung Tag und Nacht!

Sonne und Wasser: Saubere Energie aus Ulm und Neu-Ulm

Wasserkraft, das ist die wichtigste Quelle, wenn es um die Erzeugung elektrischen Stroms in Ulm und Neu-Ulm geht. Mehr als acht Prozent des verbrauchten Stroms in den beiden Städten stammen aus den sieben Wasserkraftwerken der SWU Energie. Bundesweit beträgt der Anteil der Wasserkraft im Durchschnitt nur vier Prozent. Daneben gewinnen in Ulm und Neu-Ulm aber auch andere regenerative Energien zunehmend an Bedeutung – allen voran die Sonnenenergie und die Energiegewinnung aus Biomasse.

Weitere Informationen zum Thema im kostenlosen Info-Blatt, unter www.swu-fakten.de oder über Telefon 0731/166-0.

SWU Energie

Stadtverkehr mit Ideen.

Ihre Mobilität ist bei uns in guten Händen.

www.swu-verkehr.de

SWU Verkehr

Verändern wir die Welt, indem wir immer neu denken?

Oder denken wir immer neu, weil die Welt
sich verändert? Mit kleinen Ideen Großes bewirken.
Innovationen verbessern unser Leben.

SIEMENS

Global network of innovation

www.siemens.de/ulm

spin spin the globe spin spin spin the globe spin spin spin the globe spin spin spin the globe

SÜDWEST PRESSE Probeabonnement

60 Jahre 1945 / 2005
SÜDWEST PRESSE
SCHWÄBISCHE DONAU ZEITUNG

Wir schaffen Wissen!

Seit über 60 Jahren liefern wir in Ulm, um Ulm und um Ulm herum aktuelle Nachrichten, Berichte, Reportagen, Serviceangebote und noch vieles mehr. Stellen Sie uns auf die Probe. Testen Sie uns 14 Tage lang kostenlos und unverbindlich.*

Jetzt anrufen und bestellen!
01 80 - 100 11 902 (zum Ortstarif)

*Ermäßigte und kostenlose Abonnements gelten nur für Nicht-Abonnenten und können nur einmal innerhalb von sechs Monaten pro Person und Haushalt bestellt werden. Neue Pressegesellschaft mbH & Co. KG · Registergericht Ulm: HRA 2005

PRODUCT PORTFOLIO

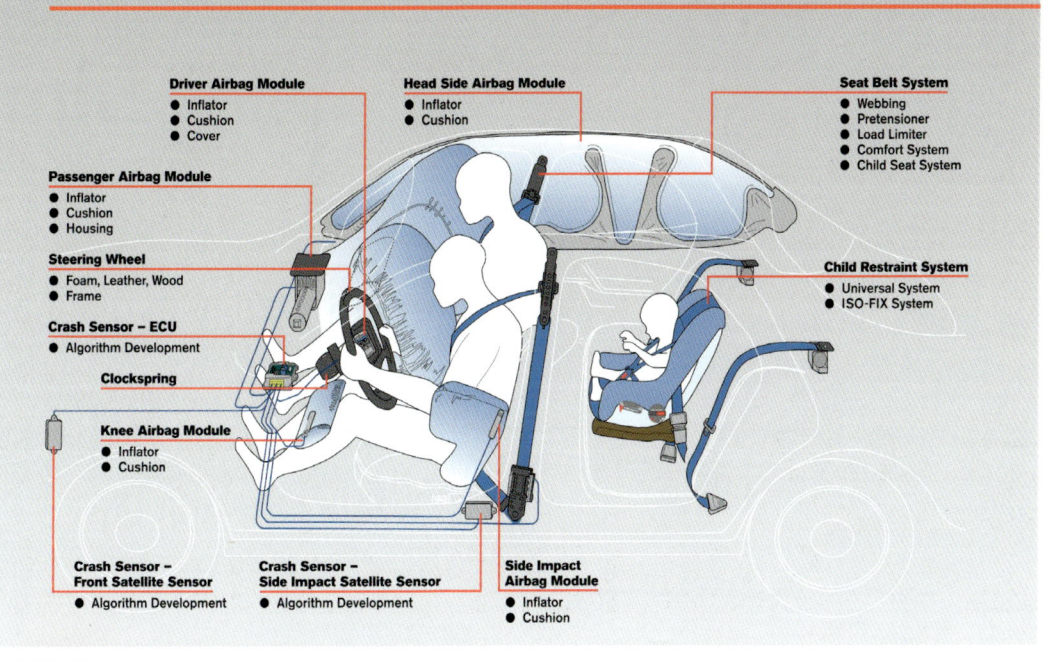

Driver Airbag Module
- Inflator
- Cushion
- Cover

Head Side Airbag Module
- Inflator
- Cushion

Seat Belt System
- Webbing
- Pretensioner
- Load Limiter
- Comfort System
- Child Seat System

Passenger Airbag Module
- Inflator
- Cushion
- Housing

Steering Wheel
- Foam, Leather, Wood
- Frame

Crash Sensor – ECU
- Algorithm Development

Clockspring

Knee Airbag Module
- Inflator
- Cushion

Child Restraint System
- Universal System
- ISO-FIX System

Crash Sensor – Front Satellite Sensor
- Algorithm Development

Crash Sensor – Side Impact Satellite Sensor
- Algorithm Development

Side Impact Airbag Module
- Inflator
- Cushion

TAKATA

Takata-Petri (Ulm) GmbH
Lise-Meitner-Str. 3
89081 Ulm

Tel: +49 731-9532-0
Fax: +49 731-9532-5310
www.takata-petri.com

---

ubidyne

flächendeckender **breitband**-mobilfunk für datenapplikationen und anwendungen im bereich des mobile multimedia.

im science park II

ubidyne gmbh
lise-meitner-strasse 14
89081 ulm/donau
www.ubidyne.com

INNOVATIONEN FÜR DEN BREITBAND-MOBILFUNK

...entwickeln wir heute mit den technologien von übermorgen. hochmotivierte mitarbeiter, teamspirit, ausgezeichnetes knowhow und nicht zuletzt unser standort ulm im science park II bilden die solide basis einer erfolgsstory, die ubidyne zu einem innovationszentrum für die mobilfunk-infrastruktur macht. freuen sie sich mit uns auf eine spannende zukunft – willkommen bei ubidyne!

PEG

Projekte entwickeln

Gewerbeimmobilien

intelligente m²

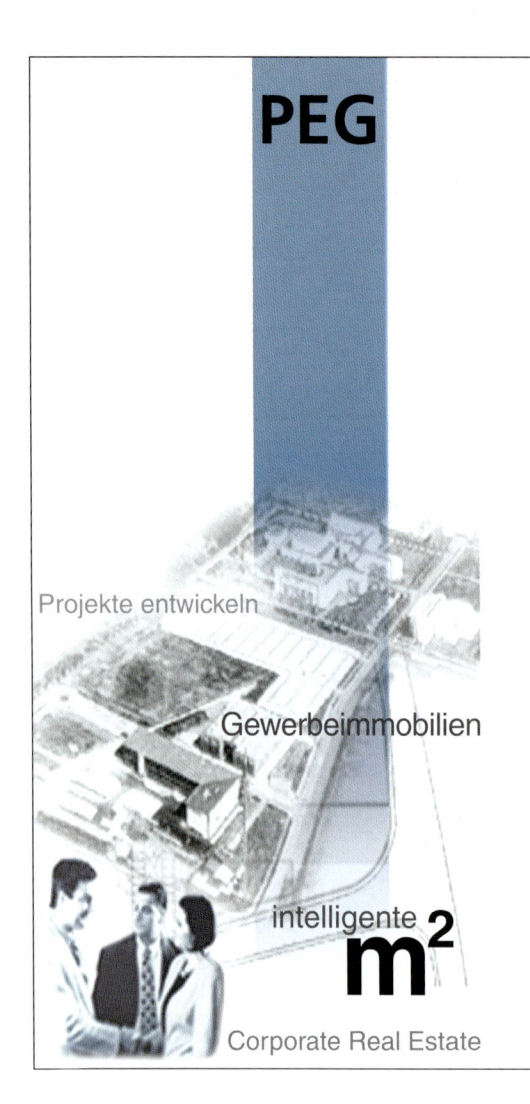

Corporate Real Estate

Projektentwicklungs-gesellschaft Ulm mbH

ulm
eine Gesellschaft der Stadt Ulm

Ihr Ansprechpartner in Ulm für
- Standortsuche
- Projektentwicklung/ -management
- Übernahme der Bauherrentätigkeit

Unser Erfolg bestätigt uns:
Individuell auf den Kunden zugeschnittene Projekte sichern den langfristigen Erfolg.

Hafengasse 22
89073 Ulm
Tel.: 0731 / 8 00 16-0
Fax: 0731 / 8 00 16-22
info@peg-ulm.de
www.peg-ulm.de

**Gut für die Menschen.
Gut für den Wirtschaftsraum.
Wir sind dabei!**

UlmNeueMitte

Sparkasse Ulm

unfors

Unfors Instruments GmbH
Lise-Meitner-Str. 15   89081 Ulm
Tel. 0731 / 175 492-0   Fax 0731 / 175 492-19
e-mail: info@unfors.de   www.unfors.de

Unfors Instruments wurde 1994 in Billdal bei Göteborg (Schweden) gegründet, die deutsche Niederlassung in Ulm mit dem Geschäftsführer Winfried Kölle gibt es seit Juli 2003.

Unfors ist ein bekannter Hersteller von Messgeräten für Qualitätssicherung (QA) und Service bei diagnostischen Röntgengeräten, sowie von Strahlenschutzmessgeräten. Aufgrund der Kundenakzeptanz des einzigartigen Konzepts von Unfors sind wir inzwischen das am schnellsten wachsende Unternehmen in unserer Branche. Mehrere tausend Instrumente werden in der ganzen Welt eingesetzt. Zufriedene Medizinphysiker, Service-Ingenieure, biomedizinische Ingenieure, Regierungsinspektoren und große Hersteller von Qualitäts-Röntgengeräten verwenden heute Unfors Produkte.

Das neueste Instrument ist das Unfors Xi System, ein Röntgenstrahlenmessgerät der jüngsten Generation, multifunktionell und intelligent. Unfors ist bekannt für seine Messgeräte im Taschenformat, die leicht zu bedienen sind und die Produktivität steigern. Das neue Xi ist sogar noch benutzerfreundlicher, da es u.a. eine aktive Kompensation für alle Strahlenqualitäten bietet.

Uzin Utz Gruppe
Stabilität auf Schritt und Tritt!

uzin — Verlegesysteme für Böden, Parkett, Fliesen und Naturstein

WOLFF — Maschinen und Spezialwerkzeuge zur Untergrundvorbereitung und Verlegung von Bodenbelägen

Pallmann — Produkte und Systeme für die Oberflächenveredelung von Parkett

www.uzin-utz.com
Uzin Utz AG
Dieselstraße 3 | D-89079 Ulm

Das Herz der Wissenschaftsstadt Ulm: Die Universität

Attraktiv auch in Zukunft: Leben und Studieren an der Universität Ulm

Die Universität Ulm ist das Herz der Wissenschaftsstadt. Ihr Ausbau und ihre Erweiterung um die Fakultät für Ingenieurwissenschaften haben vor 20 Jahren die Entwicklung dieses Erfolgsmodells eingeleitet.
Das Resultat: Attraktive Arbeits- und Studienplätze, Krankenversorgung auf höchstem Niveau sowie ein erfolgreicher Technologie- und Wissenstransfer zwischen Wissenschaft und Wirtschaft.
Die Universität Ulm wird weiter dazu beitragen, die Wissenschaftsstadt auszubauen und veränderten Anforderungen anzupassen. Als Partner, Mittelpunkt und Motor gleichermaßen. Heute, morgen und in Zukunft.

http://www.uni-ulm.de

ulm university universität uulm

Kompetenz für Weiterbildung: Die Akademie

Angebote für Wissenschaft, Wirtschaft und Technik

»Lernen ist wie Rudern gegen den Strom: Sobald man aufhört, treibt man zurück.« (Benjamin Britten)
Niemand beschreibt treffender die Notwendigkeit qualifizierter Weiterbildung.
Wichtig dabei: Ein kompetenter Partner mit regelmäßig evaluierten und aktualisierten sowie lerneffektiven Methoden. Fachbezogene wie interdisziplinäre Inhalte, vermittelt von erfahrenen und didaktisch kompetenten Praktikern. Vielseitige, zielgruppenorientierte Angebote.
Oder einfach: Die Akademie für Wissenschaft, Wirtschaft und Technik an der Universität Ulm e.V.

Akademie für Wissenschaft, Wirtschaft und Technik an der Universität Ulm e.V.
Heidenheimer Straße 80
89075 Ulm

Tel.: 0731 50 - 2 52 66
Fax: 0731 50 - 2 52 65
Email: akademie@uni-ulm.de
http://www.uni-ulm.de/akademie

AKADEMIE
FÜR WISSENSCHAFT, WIRTSCHAFT UND TECHNIK
an der Universität Ulm e. V.

Verlagsgruppe Ebner Fachverlage

**Fachmedien – Special Interest – Auskunftsmedien
Partner für Kommunikation und Werbung**

Publizistisch optimale Fachinformation, beste Redaktionsqualität für unsere Branchen und Leser und eine hochwertige Produktkultur der Medien sind die Basis unserer Verlagsphilosophie. Unsere Medien verbinden die werbenden Unternehmen direkt mit ihren Märkten und bringen die Partner in einen aktiven Dialog.

Unsere Verlagsprodukte entsprechen als erfolgreiche Marken den Anforderungen unserer Leser und Inserenten: Fachzeitschriften und Special-Interest-Zeitschriften werden ergänzt durch Editionen, Kundenmagazine, Auskunft- und Verzeichnismedien, Bücher, Seminare, Software-, CD-ROM-, Internet- und Cross-Media-Angebote.

Erfolgreich und mit hoher Kompetenz publizieren wir für viele Branchen und Zielgruppen mit verschiedenen Verlagen an unterschiedlichen Standorten:

Ebner Verlag GmbH & Co. KG
Karlstraße 41, 89073 Ulm
Tel.: 0731/1520-02, Fax: 0731/1520-175
www.ebnerverlag.de

Deutscher Drucker Verlagsgesellschaft mbH & Co. KG
Ostfildern/Stuttgart

Ebner Publishing International, Inc.
New York, USA

Editoria Trade Press Brasil Ltda.
Sao Paulo, Brasilien

Entertainment Media Verlag GmbH & Co. oHG
Dornach/München

Fachpresse Publishers Pvt. Ltd.
Mumbai, Indien

GKV Gesellschaft für Werbung und Ausstellungen mbH
Ulm

Kellerer & Partner GmbH
Ulm

MM Musik Media Verlag GmbH
Köln

Neue Mediengesellschaft Ulm mbH
München

**Rundschau Verlag GmbH & Co.
Deutsche Bekleidungs-Akademie GmbH**
München

Schirmer Verlag
Hildesheim

Unit Sp. z.o.o.
Warschau, Polen

I. Weber Verlag
München

Aus unserem Verlagsprogramm der Auskunfts- und Verzeichnismedien

Bildnachweis
Stephan Kässbohrer S. 22 (T. F.), S. 34, S. 51 (2), S. 62, S. 63 (2), S. 75 (1), S. 77,
S. 78, S. 79 (1, 3), S. 80, S. 81 (1), S. 92, S. 96, S. 98, S. 99, S. 100, S. 101, S. 104,
S. 105, S. 106, S. 107, S. 108, S. 109 (5), S. 110, S. 111, S. 112, S. 116, S. 117,
S. 118, S. 119, S. 122, S. 125 (3), S. 126, S. 127, S. 128, S. 129, S. 130, S. 131,
S. 132, S. 138, S. 142, S. 143, S. 144, S. 146, S. 148, S. 149
Stadtarchiv Ulm, Wolfgang Adler S. 15 (3), S. 16, S. 18, S. 19, S. 20, S. 21,
S. 22 (E. L., H. D.), S. 25, S. 26, S. 27, S. 32, S. 33, S. 43 (li.), S. 47 (3)
Universität Ulm S. 12 (li.), S. 17 (2, 3, 4, 5), S. 40, S. 41 (2, 3, 4), S. 52,
S. 61 (1), S. 63 (1), S. 67 (2), S. 74, S. 75 (2), S. 76, S. 79 (2), S. 102, S. 103,
S. 109 (1–4), S. 139, S. 161
DaimlerChrysler S. 82, S. 83, S. 84, S. 85, S. 86, S. 87, S. 88
Joachim Strauß S. 12 (re.), S. 14, S. 15 (1), S. 17 (1, 6), S. 134/135 (Kunstpfad)
Projektentwicklungsgesellschaft Ulm mbH S. 15 (2, 4), S. 41 (5), S. 47 (2),
S. 51 (1), S. 165
Energon: © Software AG Stiftung S. 41 (1), S. 47 (1), S. 66, S. 67 (1, 3, 4)
Stadt Ulm S. 43 (re.), S. 44, S. 45, S. 48, S. 70, S. 71
Abb. Botanischer Garten (S. 134/135): Stephan Kässbohrer,
Universität Ulm, Joachim Strauß
Zg. S. 22 (L. S., E. R., H. Q.)
Philip Morris Stiftung S. 60, S. 61 (2)
Phocos AG S. 64, S. 65
ZSW S. 68, S. 69
Hochschule Ulm S. 81 (3), S. 93
Takata-Petri S. 90, S. 91
InMach S. 120, S. 121
GFD S. 124, S. 125 (1, 2)
T-Com S. 140, S. 141
xlith S. 150, S. 151
Braun Engels Gestaltung S. 30, S. 50
© Inphoris GmbH im Auftrag der Stadt Ulm, Abteilung Vermessung S. 54/55
EADS S. 81 (2)
BioRegionUlm S. 113
Institut für Finanz- und Aktuarwissenschaften S. 123
ZAWiW S. 161